本书受江西财经大学出版资助

跨行政区流域水污染府际博弈研究

李 胜 著

中国财经出版传媒集团
经济科学出版社
Economic Science Press

图书在版编目（CIP）数据

跨行政区流域水污染府际博弈研究／李胜著．—北京：经济科学出版社，2017．11
ISBN 978－7－5141－8563－8

Ⅰ．①跨…　Ⅱ．①李…　Ⅲ．①水污染防治－研究－中国　Ⅳ．①X52

中国版本图书馆CIP数据核字（2017）第259956号

责任编辑：白留杰　刘殿和
责任校对：刘　昕
责任印制：李　鹏

跨行政区流域水污染府际博弈研究
李　胜　著
经济科学出版社出版、发行　新华书店经销
社址：北京市海淀区阜成路甲28号　邮编：100142
教材分社电话：010－88191355　发行部电话：010－88191522
网址：www.esp.com.cn
电子邮箱：esp@esp.com.cn
天猫网店：经济科学出版社旗舰店
网址：http：//jjkxcbs.tmall.com
北京财经印刷厂印装
710×1000　16开　15.75印张　210000字
2017年11月第1版　2017年11月第1次印刷
ISBN 978－7－5141－8563－8　定价：46.00元
（图书出现印装问题，本社负责调换。电话：010－88191510）

目　　录

第1章　绪　　论

《管子·度地》记载管仲与齐桓公的对话，管仲对齐桓公说："善治国者，必先除其五害。……五害之属，水为最大。五害已除，人乃可治。"在中国历史第一次提出了治水与兴邦的关联。"水是生命之源"，人类文明的繁荣与衰败莫不与水有巨大的关联。1972年，联合国第一次环境与发展大会也指出："石油危机之后，下一个危机是水。"更有人曾言："21世纪，人们将为水而战。"为水而战，这在前工业化社会或工业化早期或许会被认为言过其实，但随着人类工业化进程不断加速和人口不断增长带来的消费和废物排放的增加，洁净的水越来越成为一种珍贵的资源，为水而战已不是危言耸听。在过去的几十年间，因水而引发的暴力甚至军事冲突并不鲜见。

弹指一挥间，往事越千年。今天的人们距离那伟大的春秋和文艺复兴时代已以千百年计。在公元进入到21世纪时，人们在治水问题上面对的已不仅有水旱之害，更有先人不曾面临的、在成因和治理上都比水旱之害更为复杂的水污染之害。在21世纪的今天，无论是世界还是中国都在经历着文明的变革，工业化、信息化和全球化的浪潮席卷着每一寸土地，使每个国家参与到全球化浪潮的竞争中来，这种浪潮和竞争迫使后发国家在后实施赶超型工业发展战略，并不可避免地带来了工业化、现代化的副产品。高污染、高排放、高消耗的经济增长模式正不断蚕食人类赖以生存的环境，破坏人类文明可持续发展的生态基础。

1.1 问题的提出：流域水污染危机及治理

流域（river basin）是以河流为中心、被分水线所包围的、从源头到河口的河流地面及地下集水区，是对河流进行研究、开发和治理的基本单元。当成为世界工厂的中国在工业化和城市化建设方面取得举世瞩目的成就时，环境污染和生态退化正在吞噬着增长的成果，并已全面影响到国民的幸福指数。在水资源方面，以水量和水质为代表的双重水危机正成为中国现代化的严峻挑战，深刻考验着国家在转型升级关键期的治理能力。

在水量方面：（1）人均水资源量少，虽然年均径流量达27100亿立方米，居世界第六位，但人均水资源量仅为世界平均水平的29%。（2）降水量时间分配不均匀，大部分地区汛期降水量占全年总量的70%左右，洪水径流量约占水资源总量的2/3。（3）区域分布不平衡，呈现出南多北少，东多西少的特征。长江及其以南面积占全国国土面积的36.5%，水资源量却占全国的81%；淮河及其以北面积占全国国土63.5%，水资源量却仅占19%；西北内陆河地区面积占全国国土的35.3%，水资源量仅占4.6%。（4）水资源量呈减少趋势。据观测，1980~2000年水文系列与1956~1979年水文系列相比，黄河、淮河、海河和辽河4个流域降水量平均减少6%，地表水资源量减少17%，海河流域地表水资源量减少比例更高达41%①。

在水质方面：中国是全球污水排放第一大国，工业和城镇生活污水的年排放总量从1980年的239亿吨增加到2014年的716.2亿吨，有机污水年排放量是美国、日本和印度的总和，相当于美国的3倍。大量废水排放到江河流域中，极大地影响了流域水质状况。据水利部

---

① 汪恕诚．中国水资源安全问题及对策［N］．经济日报，2009-08-03（6）．

《2014年中国水资源公报》显示：在21.6万平方公里的河流水质评价中，Ⅰ类水河长占评价河长的5.9%，Ⅱ类水河长占43.5%，Ⅲ类水河长占23.4%，Ⅳ类水河长占10.8%，Ⅴ类水河长占4.7%，劣Ⅴ类水河长占11.7%；在开发利用程度较高和面积较大的121个主要湖泊中，全年总体水质为Ⅰ～Ⅲ类的湖泊有39个，Ⅳ～Ⅴ类湖泊57个，劣Ⅴ类湖泊25个，分别占评价湖泊总数的32.2%、47.1%和20.7%，大部分湖泊处于富营养状态；在省界水体水质中，全国527个重要省界断面Ⅰ～Ⅲ类、Ⅳ～Ⅴ类、劣Ⅴ类水质断面比例分别为64.9%、16.5%和18.6%。

因此，可以说水资源数量短缺和质量恶化的严峻现实将是在今后相当长的一段时期内我们不得不面对的强大挑战。在环境污染日趋严重的情况下，加强污染防治已成为世界各国政府的共识。中国政府自20世纪90年代以来加大了对环境污染防治的立法力度，先后通过了《环境保护法》《水污染防治法》及《实施细则》《清洁生产促进法》《环境影响评价法》《排污费征收使用管理条例》，以及《建设项目环境保护管理条例》等法律法规和《关于落实科学发展观加强环境保护的决定》《关于加快发展循环经济的若干意见》等若干规范性文件。据统计，截至2008年11月，中国共有环境污染防治法律6部、自然资源保护法律15部，行政法规50多部，国家环境标准800多项，军队环境保护法规和规章十余部，签署多边国际环境条约51项，为实施国家环境保护法律而制定和颁布的各种部门规章及地方法规660余件①，在几乎是一片空白的基础上建立起了一套比较完善的环境保护法律法规体系。对历史而言，这是一个长足的进步。同时我们也看到，法律法规的制定仅仅是环境保护道路的第一步，就观察到的事实而言，中国的流域水质却并没有得到明显的改善，而湖泊水质则呈现出连年下降的趋势，见图1.1。

① 齐晔．中国环境监管体制研究［M］．上海：上海三联书店，2008：53.

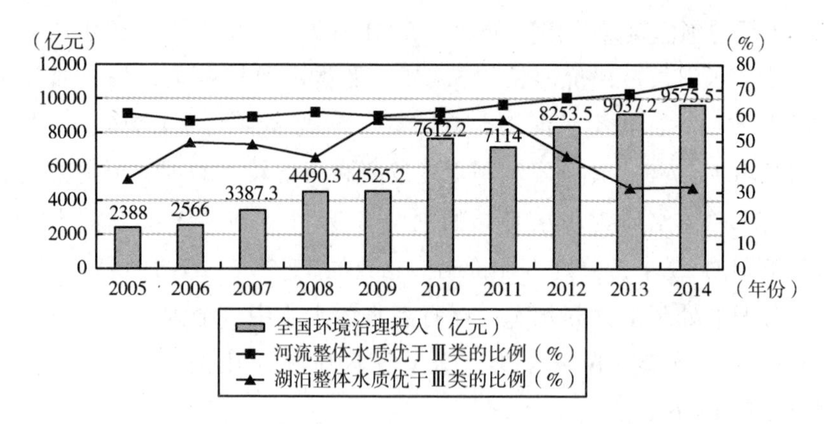

图 1.1　环境治理投入与流域水质变化趋势

以上反映的状况，让人不得不思考这些问题：为什么在环境治理投资和环境法制迅猛发展的同时，环境的整体质量却存在恶化的态势？中国环境保护部（含前环保总局）掀起的一系列“零点行动”和“环保风暴”，能否对中国的环境保护和污染治理起到持续的威慑作用？该如何使中国的污染防治走向一个良好的均衡状态？长期以来，我们将环境问题归结为“发展的阵痛”和“成长的烦恼”，把问题的原因归结为转型期粗放型的经济增长方式所导致的必然结果。从表面上看，这确实符合环境库兹涅茨曲线（environmental kuznets curve，EKC）的发展规律，见图 1.2。环境库兹涅茨曲线说明，随着经济的增长，污染物排放服从倒“U”形曲线。根据这个假设，经济增长的早期阶段不可避免地伴随着污染的增加，但随着收入的增加，污染物的排放达到巅峰后会下降。生态系统的资源质量曲线与污染排放相反，即呈正“U”形，意味着随着收入的增加而逐步恶化。

然而，这一理论只能一般地解释为什么常常伴随着经济增长的是环境恶化，而不能解释为何有些地区在经济和收入增长的同时环境质量却依然得到有效的保护，而有些地区则不能？也不能很好地解释为什么流域界面水质要低于流域整体水质？尤其是不能解释为什么一些地方政府偏好作出“损人利己”，甚至“损人不利己”的选择？事实上，经济增长与环境危机之间并没有特定的函数关系，当代欧美发达国家在经济取

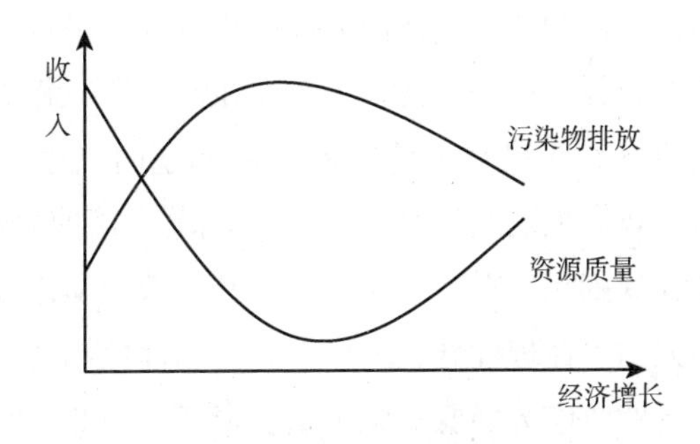

图 1.2 环境库兹涅茨曲线

得快速发展的同时生态环境同样也得到了良好的保护。

胡鞍钢指出，“水危机的背后是公共管理危机”。当代公共问题的频发，反映出政府在处理公共问题上的能力缺陷与弊端。对本书研究的问题而言，由于在自然状态下，流域的上下游是相通的，上游的污水可以通过水的自然流动性而带到下游。尽管从一般意义而言，每个地区都会对本地域范围内的社会可接受污染水平作出规定，但与一般性污染不同的是，跨行政区流域水污染的外部性是一种可转移的外部性，使得污染者甚至污染的规制者——政府都没有激励去控制污染。因为企业的利润来自于市场，来自于与其他企业的市场竞争优势，而市场（或者说价格）并不反映社会对环境保护的要求；政府的财政收入的一部分来自于企业缴纳的税收，治污可能影响外来企业的进入和本地区企业的利润(或竞争力)，甚至影响到本地地方政府的财政收入，因此也无强烈的意愿对本地区的污染企业采取强有力的规制措施。换句话说，无论是政治机制还是市场机制都不能给产生污染外部性的企业或个人予以惩罚，也无法给规制者予以激励，导致市场失灵和政府失灵。

地方政府对经济和财税增长的钟情，与赶超阶段中央政府采取的赶超模式有关。1978 年以来，中央政府通过发挥个人和地方政府的积极性，使中国的 GDP 在 2010 年已超越日本，成为经济总量仅次于美国的经济大国。然而，以地方为主导的经济发展方式使各地方政府争先恐后地招商引资，想方设法地“跑部钱进”，甚至在各项优惠政策上“竞争到底”。然而，地方政府发展经济的冲动和热情并没有同时表现在环境保护上，环境保护在以“聚精会神搞建设，一心一意谋发展”的口号下被极大地忽视了。更进一步地说，当流域水污染涉及跨行政区的问题时它就不仅与外部性相关，更与依靠地方政府推动经济增长的模式相关。用博弈论的术语来说，即在于现有的博弈规则无法在满足地方政府和企业个体理性的基础上实现集体理性，参与人的个体理性导致整个博弈的非理性均衡，作为博弈规则的制定者及供给者的政府无疑要对此负重要责任。因此，跨行政区流域水污染的治理不仅是一个技术问题，也不仅仅是一个经济问题，更是一个政治问题，因此媒体上也才有了“治湖先治水、治水先治河、治河先治污、治污先治人、治人先治官”的讨论。

博弈论对跨行政区流域水污染的解释力在于博弈论强调利益关系具有冲突和一致的个体或组织之间决策的相互作用和影响，用博弈论来分析水污染治理问题的主要特点，在于充分考虑了在水污染治理这种具有公共性质中的所有参与人行为的相互影响，它承认个体理性的存在，同时把制度作为变量，参与人依据个体理性在相应的制度约束（博弈规则）下通过类型依存战略追求自身利益最大化，但个体利益最大化并不必然导致集体利益最大化，甚至相反（公地悲剧即为此类问题的代表）。

从现代管理科学的角度讲，所有问题的解决必须考虑利益相关者（stake holder）的利益。解决跨行政区流域水污染问题必须充分尊重所有用水主体、排污主体和规制主体的利益诉求，且这些主体间的利益诉求及相互关系和影响具有非同质性。因此，用博弈论来分析跨行政区流域水污染问题无疑是一种合理的分析方法。正因为参与者依据不同制度约束和信息量作出有利于自己的行动选择，因而博弈论能够合理解释不同制度背景下的行为。诺斯、青木昌彦、柯武刚等制度经济学家们证明了制度在经济、社会生活中的作用——它限制着个体和组织可能采取的机会主义行为，使个体和组织的行为具有可预期性，减少协调人类活动的成本，甚至是生存和繁荣，政府的作用集中体现在它是否提供了一种更有效率的组织经济活动的制度安排或激励机制，同时也是政府的职责所在。

1.2 研究意义

中国思想文化史专家张岂之（2007）先生在《环境经济学思想史·关于环境哲学的几点思考》中开篇即道："如果苏格拉底生活在今天，他可能会是另一个苏格拉底，因为他不得不思考与环境有关的哲学问题，从而有可能成为一名环境哲学家。"张岂之教授介绍了中国古代《庄子·外物》篇中惠施与庄子的一段对话：

惠子谓庄子曰：子言无用。

庄子曰：知无用而始可与言用矣。夫地非不广且大也，人之所用容足耳。然则厕足而垫之，致黄泉，人尚有用乎？

惠子曰：无用。

庄子曰：然则无用之为用也亦明矣。①

庄子和惠子的对话揭示了"生存和价值是有条件的"这一命题——人的活动受客观条件的制约，离开环境的支撑，人自身是不能存在下去的；如果割裂自己和自然环境的依存性关系，其结果可能是丧失生存之本。"人靠自然界生活，人是自然界的一部分。我们每走一步都要记住：我们统治自然界，决不像征服者统治异族人那样。相反地，我们连同我们的肉、血和头脑都是属于自然界和存在于自然之中的"②。"如果把人与周围环境物质或其他生物的关系，理解成征服与被征服的关系，这种人道主义只能是自私的、攻击型的和残暴的。与此相反，如果把周围的物质或其他生物理解为有助于维护我们尊严的恩人，则理应对周围的物质世界或其他生物表示感激，以慈善之心待之"③。

---

① 张岂之．关于环境哲学的几点思考［J］．西北大学学报（哲学社会科学版），2007（5）：5－9.

② 中共中央编译局编．马克思恩格斯选集（第一卷）［M］．北京：人民出版社，1995：105.

③ ［日］池田大作．池田大作全集［M］．北京：北京大学出版社，1988：83.

以上观点无外乎证明这样一个事实：人是一种与社会、自然甚至整个宇宙具有连锁关系的生命存在。流域对这种存在的意义不言自明，但仅从“天人合一”的哲学上理解或懂得这种意义是不够的。认识世界的目的在于改造世界，在跨行政区流域水污染治理问题上，由于流域覆盖面积涉及多个行政区，而流域水污染及治理又具有很强的外部性，作为污染规制者的政府其行为具有相互依赖性，它在作出决策时必须考虑其他参与人的反应，它们需要相互合作，却又无时无刻不在最大化自己的偏好，竞争与合作并存。研究跨行政区流域水污染府际博弈的“经世致用”之处在于如何设立更为有效的规则使流域水污染得到更有效的规制，如何使污染治理从不合作走向合作，这是本书研究最终的实践上的意义。

（1）研究跨行政区流域水污染的府际博弈有利于流域水污染防治，并进一步从普遍性角度理解和治理外部性。流域水污染治理的实质是区域公共产品的供给问题，跨行政区流域水污染治理直接涉及流域上下游各用水户、排污主体及规制者的利益。在跨行政区的公共事务治理中，地方政府作为各行政区利益主体的总体代表，直接参与跨行政区流域水污染治理博弈，而流域治理机构或更高一级的政府作为流域的管理者，代表流域的整体利益，与地方政府的目标既有一致性也有相异性。流域各地方政府会根据自己与其他流域地方政府、流域管理机构和中央政府的战略和支付来选择自己的战略。反之，其他流域地方政府、流域管理机构和中央政府也会根据流域地方政府的策略来选择自己的行动方案，如通过联合谈判、产业政策、转移支付、排污证发放和税收等来调控地方政府的行为。因此，本书对具有隶属关系的上下级政府，以及不具有隶属关系的横向地方政府间的博弈关系进行研究，试图通过对博弈模型均衡和结果的研究，阐释跨行政区流域水污染产生的机理，找到流域水质恶化这一现象的症结所在，寻求跨行政区流域水污染防治的方法和途径，为流域管理体制改革提供参考性意见，以使流域走上可持续发展的道路。

（2）研究跨行政区流域水污染府际博弈有利于进一步解释政府行为，拓展人们对政府行为的研究。黄仁宇在《万历十五年》中写道：

“我们这个帝国有一个特点：一项政策能否实施，实施后或成或败，全靠它与所有文官的共同习惯是否相安无忧，否则理论上的完美仍不过是空中楼阁”①。亚当·斯密在《道德情操论》中也这样写道：“在人类社会的大棋盘上，每个个体都有其自身的行动规律，和立法者试图施加的规则不是一回事。如果它们能够相互一致，按同一方向作用，人类社会的博弈就会如行云流水，结局圆满。但是如果两者相互抵牾，那博弈的结果就将苦不堪言，社会在任何时候都会陷入高度的混乱之中”②。斯密和黄仁宇都强调制度与现实的适应性，只不过斯密强调的是普遍的个体，而黄仁宇更为强调的是个体中的文官，一个侧重于市场经济的分析，一个侧重于文官的作用分析，将两者结合起来分析时下中国的流域水污染问题，更能使我们明白现实经济、政治运行的普遍规则。出于历史、政治、文化和民族等诸多因素的考虑，流域覆盖地区被划分为不同的行政区，随着社会经济发展和人口增长，流域沿岸各行政区对水资源的消耗和污水排放越来越多，而流域水资源的系统性和完整性却不会因人为的行政区划而改变，造成流域整体性与人为行政区划分割间的矛盾和排污的外部不经济性，继而上下游地方政府在无强制力协调解决环境问题的利益博弈中难以合作。跨行政区流域水资源管理和水污染治理因此陷入了空前的困境，甚至处于“公地悲剧”的境地。这种跨行政区污染凸显出流域管理与行政区管理体制间的矛盾，通过近几年的流域水污染事件可知，缺乏一个有效的跨行政区的政府合作机制是导致跨行政区流域水污染的一个主要原因。通过博弈理论分析跨行政区流域水污染中的政府行为和特征，对于理解时下中国地方政府在众多领域缺少合作是有重要意义的。如果能据此提出政府间达成合作的条件，则有利于形成政府的合力，这种合作是中国经济健康发展和社会进步所必不能少的。

（3）研究跨行政区流域水污染的府际博弈有利于解决制度执行力问题。

---

① 黄仁宇．万历十五年［M］．北京：生活·读书·新知三联书店，1997：53.

② Adam Smith. The Theory of Moral Sentiments［J］. Prometheus Books，2000，p. 234.

长时间以来，学者们一直在思考一个问题，是什么促使参与人主动或被动地实施制度？问题的答案可能是“一千个读者眼中有一千个哈姆雷特”，黄仁宇先生和亚当·斯密作出了他们自己的阐释，先哲们的这些闪光的思想对这个问题给出了符合现实的解释。从博弈论的角度看，答案是参与人对博弈结果的预期。如果博弈结果符合预期，则参与人得到所期望的支付，同时参与人对制度的信念得到强化；如果多数参与人的预期与博弈结果相吻合，博弈规则便发挥了作用，该制度即取得了合法性，从而形成一种有效而稳定的均衡制度，成为在现实中“可执行的制度”，而有法不依、执法不严指的是这些制度在实际生活中不发挥作用。可见，一项法律能否有效地实施并不在于它在理论体系上是多么完美，而在于它能否与现实的土壤结合，更进一步地说，即是否与制度执行者的理性相符，这个制度执行者在黄仁宇先生的眼中即是文官，在本书中即为文官所在的组织系统——政府。跨行政区流域水污染难治理就在于它涉及不同的行政主体，它们一方面是法律的制定和解释者，另一方面是法律的实施和破坏者，以法律制定和解释者制定的法律去惩治法律制定者，其效率显而易见。如何设计出台满足集体理性同时满足个体理性的制度，不仅对中国跨行政区流域水污染治理，而且对于其他相类似的公共物品的供给同样具有重要意义。

1.3 国内外研究进展述评

1.3.1 跨行政区流域水污染的原因研究

曾文慧（2007）指出，中国环境恶化程度的加深突出表现在跨行政区的污染事故和纠纷上，而其中最为严重和典型的是流域水污染问题①。

① 曾文慧．越界水污染规制——对中国跨行政区流域污染的考察［M］．上海：复旦大学出版社，2007：1.

跨行政区流域水污染与一般污染的不同之处不仅在于它是一种可转移的外部性，更在于其涉及的地方政府——既是本区域环境污染的规制者，又是跨行政区流域水污染治理的谈判方。污染的溢出效应使各行政区无法单独对污染进行有效的治理：对污染来源地区来说，为控制本地企业的污染而影响本地经济发展使其他地区受益不是理性的选择；被受污染的行政区则无法对辖区外的企业污染行为进行规制，或者说执行成本太高而不能实现。

（1）粗放的经济增长方式。张昕（2001）认为，我国水环境问题的原因是多方面的，但主要是与我国经济的粗放式增长方式、产业结构和布局不合理、企业单纯追求经济效益、没有把资源消耗和环境代价纳入经济核算体系有关①。任远（2002）认为，环境基础设施建设滞后、人口增长迅速和粗放式的经济增长模式是造成流域水污染严重的主要原因②。冯东方（2008）认为，粗放的经济增长方式、人口增长和城市化进程，以及面源污染的不断加重是流域水污染的重要原因③。环境保护部污染防治司（2008）认为，产业政策落实不到位和环境监管能力薄弱是流域污染存在的重要原因④。

（2）制度不完善和执法不严。钱易（2007）指出，我国虽然建立了环境保护法律体系，但权威性差，导致流域水污染泛滥的根本原因是有法不依、执法不严⑤。高红贵（2006）认为，由于我国没有建立起保障制度实施的机制，以致影响了制度实施的效率，导致“有制度不实施比没有制度更糟糕”的局面，跨行政区流域水污染愈演愈烈的

---

① 张昕．关于我国重点流域水污染防治问题的思考［J］．环境保护，2001（1）：35－38.

② 任远．太湖流域水污染实质与集成化流域管理［J］．中国人口·资源与环境，2002（4）：73－76.

③ 冯东方．流域水污染防治若干重大环境经济政策分析［J］．环境保护，2008（19）：18－21.

④ 环境保护部污染防治司．重点流域水污染防治工作进展及展望［J］．环境保护，2008（19）：12－14.

⑤ 钱易．中国水污染控制对策之我见［J］．环境保护，2007（14）：20－23.

根本原因是制度的失效[①]。Zachary Tyler（2006）指出，缺乏制度执行力和合作，以及管理责任的无效率是导致中国水污染规制失败的主要原因[②]。

（3）利益原因。亚里士多德在《政治学》中曾言："人们对公共利益的关心总少于对私人利益的关心。"陈阿江（2008）从水污染事件中利益相关者的角度进行分析，认为企业、政府和公民个体污染事件的发生、发展和它的最终结局，防治的核心是防止某些利益相关群体的不合理行为[③]。Pieter Huisman，Joost de Jong，Koos Wieriks（2000）在研究莱茵河污染治理时发现，上下游国家之间的利益矛盾导致各国之间不信任，使相互之间签订的环境治理协议得不到遵守[④]。因此，John（2001）指出，对跨行政区流域水污染的研究"任何集体合作，无论采取的是长期合约、私人产权体系或者是政府规制形式，都必须考虑成本收益问题，并找到可行的规制方案"[⑤]。流域上下游地区不同的利益诉求，使各地区主要关注本行政区域范围内的污染治理，外部性的转移意味着污染造成的损害和治理成本由其他地区承担，污染来源地区缺乏对跨越自身行政区的污染加以限制的激励，而这往往意味着"公地悲剧"的发生。

（4）体制原因。孙泽生（2008）将跨行政区流域水污染的原因归结为体制问题，"在科层制治理结构和环境管理属地化原则下，由于未考

---

① 高红贵．淮河流域水污染管制的制度分析［J］．中南财经政法大学学报，2006（4）：45－50.

② Zachary Tyler. Transboundary Water Pollution in China：An Analysis of the Failure of the Legal Framework to Protect Downstream Jurisdictions［J］. Columbia Journal of Asian Law，2006，19（2）：572－613.

③ 陈阿江．水污染事件中的利益相关者分析［J］．浙江学刊，2008（4）：169－175.

④ Pieter Huisman，Joost de Jong，Koos Wieriks. Transboundary coopration in shared basins：experience from the Rhine，Meuse and North Sea［J］. Water Policy，2000（2）：83－87.

⑤ John A. List and Charles F. Mason. Optimal Institution Arrangements for Transboundary Pollution in a Second-Best World：Evidence from a Differential Game with Asymmetric Players［J］. Journal of Environmental Economics and Management，2001，42：277－296.

虑到流域内各区域和各地方政府的理性动机，现行体制未能实现行政区域间污染治理的激励相容①。在政策制定和执行过程中，污染治理的着力点多在于微观排污者，而忽略了宏观层面内流域上下游地方政府及其与中央政府之间理性目标的差异，以及由此导致的污染治理信息供给偏差、激励不足和监督缺乏等问题。”胡若隐（2006）认为，地方行政分割越严重，流域水污染治理失效的后果就越严重②。幸红（2006）认为，流域管理与分散管理相结合的体制、流域机构的法律地位不明确、环境执法和监管的薄弱，以及对公民参与的忽视是水污染中人为因素的主要方面③。施祖麟、毕亮亮（2007）指出，流域整体性和行政区划分割间的矛盾，以及排污的外部使得地方政府在无强制力协调解决环境问题的博弈中上下游地区难以合作，导致跨行政区水资源管理和水污染防治中的低效甚至无效④。通过对江浙边界水污染治理的实证研究，施祖麟、毕亮亮发现，跨行政区水污染的外部性与行政区划治理水污染之间的矛盾决定了两地政府层面上协商制定水污染防控机制基本不可行。政府行政范围和行政级别的区划使江浙两地政府在解决跨行政区水污染处理的博弈中难以选择合作，致使水污染纠纷和矛盾雪上加霜。Skinner（2003）指出，地方政府与上一级政府的财权和事权的不统一，使中国的地方政府更有利己冲动，而这种利己冲动使中国流域水污染之间的矛盾更难以协调⑤。

① 孙泽生，曲昭仲．流域水污染成因及其治理的经济分析［J］．经济问题，2008（3）：47－50.

② 胡若隐．地方行政分割与流域水污染治理悖论分析［J］．环境保护，2006（7）：65－68.

③ 幸红．流域水污染控制法律对策——以珠江流域水污染为例［J］．求索，2006（8）：138－140.

④ 施祖麟，毕亮亮．我国跨行政区河流域水污染治理机制的研究——以江浙边界水污染治理为例［J］．中国人口·资源与环境，2007（3）：3－8

⑤ Mark W. Skinner，Alun E. Joseph，Richard G. Kuhn. Social and environmental regulation in rural China：bringing the changing role of local government into focus［J］. Journal of Geoforum，2003，34（2）：267－281.

1.3.2 环境公共物品供给模式

因此，从性质上说，跨行政区流域水污染的典型特征：一是国际性，即环境问题不是某一国家或地区的事，而是全世界共同面对的，关系到整个人类生存和可持续发展的问题；二是跨区域性，即流域水污染的影响是跨越人为边界设定的，也是人为边界设定阻挡和控制不了的①，这种特征为跨行政区流域水污染的治理带来了很大的困难和挑战。因此，跨行政区流域水污染治理本质上是区域环境公共物品供给问题。作为一种具有消费上的竞争性和非排他性的准公共物品，流域水资源开发和使用中出现的“拥挤效应”可以从囚徒困境、公地悲剧、集体行动的困境，以及公共产品供给与支出等经典理论中得到解释②。对于由谁来提供或治理环境公共物品，学者们展开了大量讨论，并形成了科层型、市场型和自治型三种模式。

（1）科层型模式。科层制又称理性官僚制，其理论的基础是环境污染及其治理的外部性导致市场失灵，因而需要政府的参与和介入。如Ophuls（1973）指出，“由于公地悲剧这一环境问题无法通过合作解决……所以具有强制性权力的政府的合理性是得到普遍认可的。”③ 这一思想得到了许多研究者的认同，如陈安宁（1998）认为，如果公共产品为私有产权，那么在资源配置过程中，利益分配将出现外部性（资源保护的收益全社会共享，但成本由所有者一人承担），导致资源配置效率的下降④。因此，他主张公共产品的国有化或集体化。屈锡华（2004）以水资源短缺

---

① 苏长和．全球公共问题与国际合作：一种制度的分析［M］．上海：上海人民出版社，2009：6.

② 张维迎．博弈论与信息经济学［M］．上海：上海三联书店，2004：124；曼瑟尔·奥尔森．集体行动的逻辑［M］．陈郁，郭宇峰，李崇新译，上海：上海三联书店，1995：1－3；Buchanan J M. Conflict and Cooperation in public goods interaction［J］. *Western Economic Journal*，1967（5）：109－121.

③ Ophuls W，*Leviathan or Oblivion*［M］. San Francisco：Freeman，1973，228.

④ 陈安宁．公共资源政府管理初论［J］．资源科学，1998（3）：22－27.

为佐证，说明外部性会导致资源的不可再生性，支持政府在公共产品配置中发挥的作用①。以上述思想为基础，学者们通过不断补充和完善，最终建立了公共产品国家集权管理理论，期冀通过国家管理实现公共产品的有效开发和管理，我国资源管理模式即深受这一理论的影响。

虽然同为科层型治理模式，但根据表现形式和理论争论又可分为中央集中供给型和地方政府供给型。F. Hayek（1980）认为，地方政府更接近信息源，因而能够提供比中央政府更有效率的公共物品②。Tiebout（1956）认为，当地方政府存在竞争关系时，居民可以通过“用脚投票”（vote by foot）的方式显示自己对公共产品的真实偏好③。当居民不满意某一地方政府提供的公共物品数量和质量时，可以离开这一区域而选择数量和质量符合其偏好的地区居住，从而实现每一个地区公共物品的有效供给。Musgrave（1953）和 Oates（1972）根据财政联邦主义和财政分权理论认为，地方政府间的竞争可以使地方政府更好地反映纳税人的偏好，因此应该由能够覆盖其成员的地方政府提供公共物品④。

财政分权理论的发展使一部分学者将注意力转移到政府层次和环境政策决策之间的关系，以及地区之间的竞争如何影响地区的环境政策等。George Break（2000）、Helmuth Cremer（2004）等的研究有效地指出了环境公共物品提供中的政府博弈问题，地方政府为吸引企业向本地区流入以增加就业和刺激经济增长，通常通过降低税率的方式降低现有和潜在的企业成本，导致税率不断螺旋向下调整的“竞争到底”（race to the bottom）现象，使各区税率均处于偏低的水平，进而导致公共物品

---

① 屈锡华，陈芳. 从水资源短缺看政府对公共资源的管理［J］. 中国行政管理，2004（12）：12－13.

② F. Hayek，*Individualism and Economic Order*［M］. Chicago：University of Chicago Press，1980，15.

③ Tiebout，C. A Pure Theory of Local Government Expenditure［J］. *Journal of Political Economy*，1956（64）：416－424.

④ Musgrave，R. *The Theory of Public Finance：A Study in Public Economy*［M］. New York：McGraw-Hill，1959，78；Oates，Wallace E. *Fiscal Federalism*［M］. New York：Harcourt Brace Jovanovich，1972，65.

的非有效供给①。这种观点拓展到环境规制领域，即地方政府竞争使所有地方政府以牺牲环境为代价来吸引企业的进入，导致所有地区的环境状况恶化。由此，George Break 认为，具有外部性的公共物品的提供应该由上一级政府来提高，而国家则应该提供全民性的公共物品。国内学者毕亮亮（2007）认为，中国应设立更具权威性的流域综合管理部门作为国务院派出机构，负责指导制定跨行政区流域上下游地区的水资源治理的科学合理、有约束力的制度②。姚志勇（2002）指出，“由于受污染影响的地区对污染来源的地区没有管辖权力，而且地区之间的竞争还可能恶化污染问题，跨行政区的污染似乎需要来自更上一级的权威来进行统一的安排来实现有效地规制”③。

然而，对是否需要由更高一级的机构对跨行政区污染进行规制，学者们的意见并不一致。Farrell（1987）、Rob（1989）、Klibanoff（1996）、List（1997），以及 Dean J. M.（2009）等关于不对称信息下的污染研究结果表明：集权状态下，中央政府虽然拥有制定规则的权力，但却缺乏执行的能力；在分权状态下，地方政府可以通过谈判来解决环境公共品的供给④。Oates（2001）认为，地方政府竞争一定导致环境公共物品供给减少的结论是不完全正确的，因为地方政府提供

---

① George Break，Frisvold，Margriet F. Caswell. Transboundary Water Management：Game-Theoretic Lessons for Projects on the US-Mexico Border [J]. *Agricultural Economics*，2000（24）：101－111；Helmuth Cremer，Firouz Gahvari. Environmental Taxation，Tax Competition and Harmonization [J]. *Journal of Urban Economics*，2004（55）：21－45.

② 毕亮亮．跨行政区水污染治理机制的操作：以江浙边界为例 [J]．改革，2007（9）．

③ 姚志勇．环境经济学 [M]．北京：中国发展出版社，2003：128－137.

④ Farrell，J. Information and the Coase Theorem [J]. *Journal of Economic Perspectives*，1987，1（2）：113－119；Rob，R. Pollution Chain Settlements under Private Information [J]. *Journal of Economic Theory*，1989（47）：307－333；Klibanoff，Morduch. Decentralization，Externalities and Efficiency [J]. *Review of Economic Studies*，1995（62）：223－247；List，John A.，Mason Charles F. Optimal Institution Arrangements for Transboundary Pollutants：Evidence from a Differential Game with Asymmetric Players [J]. *Journal of Environmental Economics and Management*，2001，42（3）：277－298；Dean J. M.，Lovely M. E.，Wang，H. Are foreign investors attracted to weak environmental regulations? Evaluating the evidence from China [J]. *Journal of Development Economics*，2009，90（1）：1－13.

的公共物品是影响外来生产要素流入的重要原因①。Sigman（2004）在研究分权规制下美国跨行政区污染和规制效率时发现各州存在“搭便车”的行为，但他认为这并不能说明中央的集权规制会更有效率，全国性的统一标准并不能解决问题②。国内学者曾文慧（2007）也指出在信息不对称的情况下，更为集权的规制并不一定是有效率的，中央的集中规制并不一定会比地方分权规制更有效率，环境治理的结构对环境绩效有显著的影响③。

（2）市场型治理模式。与科层型治理模式相反，市场型治理模式以政府失灵为出发点对前者进行批判，认为有效的科层型治理需要政府具备充分的信息、良好的监督、有效的制裁及低代价的管理成本，而如果“没有准确可靠的信息，中央机构可能犯各种各样的错误。”④ 因而，市场型治理模式寄希望于通过产权、价格、供求与竞争等市场手段实现公共产品配置的最优化。在思想基础上，市场型治理模式继承了亚当·斯密的衣钵，认为追求自我利益的“经济人”在“无形的手”的指引下能够最终实现社会利益的最大化。

市场型治理模式体现了对产权的重视，认为只有建立了明确的产权才能将市场机制无法解决的外部成本转化为组织内部成本。这一理论的最典型代表就是科斯。科斯认为，不管公共产品的初始权利属于谁，只要它的产权关系足够明晰，那么私人成本就不会背离社会成本，而一定会相等，这样就可以通过权利买卖者之间的交易来实现公共产品的有效配置。产权理论为公共产品治理提供了近乎完美的解决方案，

---

① Oates，Wallace E.，Portney，Paul R. *The Political Economy of Environment Policy*. Handbook of Environmental Economics［M］. Amsterdam：North-Holland，2001，25.

② Sigman，Hilary A. Transboundary Spillovers and Decentralization of Environmental Policies［J］. *Journal of Environmental Economics and Management*，2004（35）：205-224.

③ 曾文慧．越界水污染规制——对中国跨行政区流域污染的考察［M］．上海：复旦大学出版社，2007：68-69.

④ ［美］埃莉诺·奥斯特罗姆．公共事物的治理之道［M］．余逊达，陈旭东译．上海：上海三联书店，2000：23-24.

但从实践上说，还存在三个问题：一是交易费用为零的假定不符合现实；二是当受损者人数众多时，巨大的交易费用而使自愿协商成为不可能，从而出现“搭便车”问题；三是清晰的产权界定并非轻而易举，尤其是对于跨区域的公共产品（如河流），其产权界定面临着很大的困难，而这恰恰是盖瑞·米勒（2002）说的“市场经济能否平稳有效运行的决定性因素”。[①] 产权理论的缺陷表明，公共产品的产权分配不仅仅需要技术上和经济上的可行性，更重要的还应该考虑其政治上的可行性。

（3）自组织治理模式。近年来，受多中心治理理论的影响，自组织治理模式被认为是一种新的公共事务的治理之道。自组织治理模式是指通过治理主体之间的自主协商，形成一定的水平型的治理结构，以有效治理跨行政区水污染的治理模式。自组织治理模式的提出深受社会资本理论和重复博弈理论影响，认为公共产品治理依赖于诸多条件，如治理的初始成本、个体偏好、个体对策略和支付知识的习得等，人们可以通过相互学习、交流、影响和重复博弈建立改善共同结果的公认规则和策略[②]，从而在即使没有外在强制力量的存在的状况下，寻求个人利益最大化的“经济人”依然能够达成合作。鉴于此，以 Ostrom 为代表的一批学者通过实际调查，证明现实世界中存在大量成功的公共产品自发治理的实例，从而认为人类群体能够通过自组织实现群体性合作[③]。陈瑞莲（2005）对流域区际生态补偿问题的研究认为，可以采取流域区际民主协商和横向转移支付的准市场模式[④]。胡鞍钢、王亚华（2000）也提

---

① ［美］盖瑞·米勒．管理困境——科层的政治经济学［M］．王勇译，上海：上海三联书店，2002：39.

② Elinor Ostrom, Roy Gardner, James Walker. Rules, *Games and Public Ccommon - pool Resources* [M]. The University of Michigan Press, 1994, 4.

③ Ostrom E. *Governing the Commons*: *The Evaluation of Institutions for Collective Action* [M]. London: Cambridge University Press, 1990.

④ 陈瑞莲，胡熠．我国流域区际生态补偿：依据、模式与机制［J］．学术研究，2005（9）：71－74.

出了以“政治民主协商制度”和“利益补偿机制”为核心的准市场的治理模式，以协调地方利益分配，同时达到优化流域水资源配置的效率目标和缩小地区差距的公平目标①。孙泽生、曲昭仲（2008）指出，除自主协商的转移支付模式外，另一种提供给激励上游区域自组织治理的模式是通过“异地开发补偿”式的间接税收转移弱化上游地区增加排放的激励，推动流域上下游之间激励相容效应的实现②。朱宪辰（2006）指出，一个群体能够依靠正式制度（法律制度、组织机构等）和非正式制度（意识形态、群体规范、文化等）实现治理过程中的投入与产出分享、对合作行为给予激励和机会主义行为的惩罚，从而实现公共产品的群体性合作治理③。

以上三种模式为我们理解流域水污染治理这类公共产品的供给提供了良好的视野，但依然存在一些缺陷和不足，其中最大的问题来自于以上三种治理模式都是建立在“经济人”这一共同的前提假设之下。这与人不仅有利己的一面，而且也有利他的一面的现实不符。正如文艺复兴时期的著名思想家洛克所说：“相同的自然动机使人们知道有爱人和爱己的同样的责任……如果我要求本性与我相同的人们尽量爱我，我便负有一种自然的义务对他们充分地具有相同的爱心。”④ 因而在近年来国内外部分学者开始注意到从利他的角度对公共资源治理展开论述，如张博、刘庆（2015）等则探讨了利他主义对人口——资源系统的影响，认为即使是在产权明晰和自然资源再生能力很强的情况下，如果人们的代际利他主义倾向过低，也会导致自然资源的过度开采；而当人们有着强烈的代际利他主义时，即使自然资源再生能力并不很强，只要有明晰的产权制度，人们会主动控制生育以抑制人口的过快增长，使人口——资

① 胡鞍钢，王亚华．转型期水资源配置的公共政策：准市场和政治民主协商［J］．中国软科学，2000（5）：5－11.

② 孙泽生，曲昭仲．流域水污染成因及其治理的经济分析［J］．经济问题，2008（3）：47－50.

③ 朱宪辰，李玉连．异质性与共享资源的自发治理——关于群体性合作的现实路径研究［J］．经济评论，2006（6）：17－23.

④ ［英］洛克．政府论（下篇）［M］．北京：商务印书馆，1964：3.

源系统趋向于稳定的平衡状态①。也正因如此，现代经济学不再排斥将利他行为纳入到社会经济生活的研究中去，而引入利他行为后的公共资源治理范式也将呈现出不同于传统理论的风貌。

1.3.3 跨行政区污染与环境治理协议

环境协议（environmental agreements）是解决跨行政区污染的重要手段。2001 年 1 月世界上首份以国际环境协议命名的专业学术期刊——《国际环境协议：政治学，法律与经济学》（*International Environmental Agreements*：*Polities*，*Law and Economics*）由国际著名学术出版机构 Kluwer Academic Publishers 公开出版发行，这标志着国际环境协议研究热潮的形成。国际环境协议与国内环境协议不同的是前者缺乏一个超越各国主权的权威机构来监督执行环境协议，各国行动的相互依赖性，使每个国家都会考虑其他国家的行为，因此学者们对环境协议的研究大都采用了博弈论的分析工具。从博弈论的角度，如果协议要得到实施需要满足参与约束和激励相容。围绕环境协议的实施条件，各国学者展开了多方面的研究。

（1）环境协议的自我实施性和稳定性。Hoel（1994）研究了一个国家能否通过单边采取利他主义行动的榜样带头作用减少全球污染排放总量的情形。研究结果表明，如果一国在某项国际环境协议实施之前就心甘情愿地减少污染物的排放，那么从世界范围来看，全球污染物的总排放量不是在减少，而是在增加②。换句话说，全球的总福利在“榜样”出现后不是在上升而是在下降，因为这类善举非但不会带来他国的效仿和追随，反而会因为越行政区污染的外部性而诱导某些国家采取“搭便

---

① 张博，刘庆，张志祥，曹和平．代际利他主义倾向和资源产权制度对人口——资源系统的影响［J］．华东经济管理，2015（4）：9－16.

② Hoel，Michael. Efficient Climate Policy in the Presence of Free Riders［M］. Journal of Environmental Economics and Management，1994（27）：259－274.

车”的行为。

Carraro 和 Siniscalco（1993）提出了国际环境协议自我实施的收益率条件和稳定性条件，即参与联盟的国家的收益要超过不参与联盟的国家的收益，并使一国背离联盟的收益要低于遵守联盟协议的收益①。Barrett（1994）首次将国际环境协议定义为一个自我执行（self-enforcing）的协议②。这是因为作为一个博弈的国际环境协议的参与人都是主权国家，相互间不存在管辖权问题，现实中也不存在一个国际组织或机构来协调解决各主权国家间的环境冲突。一个主权国家是否签署某项协议是自愿的而不是强制的，且在签署协议后还应允许其随时和自由地退出协议。鉴于此，一个有效的国际环境协议必须同时具备两个特征：其一，必须是对有关国家有吸引力和有利可图的；其二，必须有使签约国作出承诺并切实履行协议的有效条款。因此，在 Barrett（1994）看来，一个能自我执行的协议才是有效的协议，一个不能自我执行的协议在本质上不能称之为协议。随后，Barrett（1997）用非合作博弈的分析框架对比了国际环境协议的签约国数目与协议所引起的福利变动间的相互关系，发现如果合作与非合作的全球净收益差异不大，那么完全合作的局面可以由一个全体国家所结成的宏大联盟（grand coalition）所维系③。然而，当合作与非合作的全球净收益的差异较大时，就不可能出现一个由全体国家都参加合作的局面，此时的合作仅能由少数几个国家维系，甚至连一个国家也没有。因此只有小联盟才是稳定的。这就是说，在国际环境合作中存在着一种两难的境地：当所有国家都参加合作时，那么多数国家从这种合作中所获得的利益将十分有限；当国际社会迫切地需要有实质意义的合作时，这种合作却由于参与的国家数量太少

---

① Carraro, C. and Siniscalco, D. Steategies for the International Protection of the Environment [J]. Journal of Public Economics, 1993 (52): 309 - 328.

② Barrett S. Self-enforcing International Environmental Agreements [J]. Oxford Economics Papers, 1994 (46): 878 - 894.

③ Barrett S. Strategic Environmental Policy and Intemational Trade [J]. Joumal of Public Economics, 1997 (54): 325 - 338.

而无法实现[①]。换句话说，具有实际意义的并有足够多国家参与的国际合作在现实中是很难出现的。

Ecchia 和 Mariotti（1998）的研究得出与 Barrett 不同的结论，认为如果允许重复博弈，那么大的联盟也可能存在[②]。基于同样的非合作重复博弈分析方法，Farell 和 Muskin（1989），以及 Hoel（1992）的研究却支持了 Barrett 的结论，认为环境协议的联盟只能在小范围内存在稳定性[③]。Jeppesen 和 Anderson（1998）在 Barrett 的研究基础上，将非物质利益纳入到了对参与人支付的分析。研究发现，联盟规模取决于特定损失函数的形式，稳定联盟的规模取决于不参与联盟的非物质损失被赋予的权重[④]。在 Enders 和 Finus（1998）的研究中，环境意识被进一步纳入到博弈的分析中，他们证明在静态博弈下合作总收益随着各国环境意识的提高而增加，当各国环境意识达到临界值时能够形成稳定的大联盟[⑤]。

（2）环境协议与成本收益分配。政府间环境协议的主要困难是跨行政区流域污染存在非均匀性，将污染削减至有效水平虽可以提高全流域的社会福利，但却违背了削污者的个人理性，因此对污染者的转移支付是学者们经常建议的方案。Siebert（1997）提出了跨行政区流域水污染的非合作解决方案和合作解决方案，与非合作方案相比，合作方案中两个地区追求联合成本最优，认为下游地区的减少污染仅使本地区受益，

---

① Charles D. Kolstad. Piercing the Veil of Uncertainty in Transboundary in Pollution Agreements [J]. Environmental & Resource Economics, 2005 (31): 21 – 34.

② Ecchia G. and Mariotti M. Coalition Formation in International Environmental Agreements and the Role of Institutions [J]. European Economic Review, 1998 (42): 573 – 582.

③ Farrell, J. and Muskin, E. Renegotiation in Repeated Games [J]. Games and Economic Behavior, 1989 (1): 327 – 360.

④ Jeppesen and Anderson. Commitment and Fairness in Environmental Games [A]. In Nick Hanley and Henk Folmer (eds). Game Theory and the Environment [C]. Cheltenham, UK: E. Elgar, 1998, 256.

⑤ Endres, Alfred. and Finus, Michael. Renegotiation-proof Equilibrium in a Bargaining Game over Global Emission Reductions-Does the Instrumental Framework Matter? [A]. In Nick Hanley and Henk Folmer Game Theory and the Environment [C]. Cheltenham, UK: E. Elgar, 1998, 15.

而上游国家减少污染使上下游都受益，因此提出了下游地区向上游地区“单边付费”（pay side）的解决方法[①]。Egteren 和 Tang（2007）的研究证明，污染者付费不能为污染者提供足够的激励，因而需要在跨行政区污染治理中引入横向转移机制以促进合作的实现，并据此提出了最大化受损者得益（maximum victim benefit，MVB）的思想[②]。实际上，无论是单边付费还是 MVB 都不是有效的解决方案：对于前者而言，受害者为避免污染而付费的方法违反了“污染者付费原则”（polluter pays principle）；对于后者而言，对污染者进行补贴可能给污染者激励，激励他增加更多而不是削减更多的污染。Swallow（2008）认为，实施跨行政区流域管理的主要限制和实际挑战是能否获得当地社会力量和政治力量的支持[③]。如果不能确保上下游地区在新的管理机制下达到双赢，那么成本增加地区要么不接受上游地区转移的污染，要么不向下游地区支付污染转移的环境补偿，使流域管理机构确定的最优削减配额方案无法实施。

成本和收益分配的困难使学者们开始寻找其他方案。事务关联（如产业和技术转移、经济合作等）被证明在一定程度上能够起到较好的效果，当直接转移支付不可能时，可以将环境协议和其他事务相联系以提高参与的收益。Carraro 和 Siniscalco（1998）认为，将环境协议与研发联系起来可以增强环境合作协议的稳定性[④]。John（2001）运用非对称动态博弈方法研究两个地区之间跨区污染的环境政策安排，认为联合收

---

① Siebert. Economic Review of Environment [J]. Springer - Verlag Berlin Heidlberg, 1997 (6): 35 - 50.

② Egteren, H. Van, Tang. jianmin. MaximumVictim Benefit: Afair Division Prosess in Transboundary Pollution Problems [J]. Environment and Redource Economics, 2007 (10): 363 - 386.

③ Swallow. The Private Costs and Benefit of Environmental Self-regulation: Which Firms Have Most to Gain [J]. Business Strategy and the Environment, 2008 (13): 135 - 155.

④ Carraro, C. and Siniscalco, D. International Environmental Agreements: Incentives and Political Eco Ecdnomy [J]. European Economic Review, 1998 (42): 561 - 572.

John A. List and Charles F. Mason. Optimal Institution Arrangements for Transboundary Pollution in A Second-Best World: Evidence From A Differential Game with AsymmetricPlayers [J]. Journal of Environmental Economics and Management, 2001 (42): 277 - 296.

益肯定大于分散控制收益[①]。Helmuth（2004）提出用征收排污税的方法解决跨区污染问题，分析了在部分合作与完全合作情况下的排污税税率的纳什均衡解[②]。Charles D. Kolstad（2005）[③]、D. W. K. Yeung（2007）[④]运用博弈理论分析了跨行政区污染中的不确定性，因为美国Colorado流域和Delaware流域的各州之间签订的流域协定有效地解决了州级机构、跨州机构和联邦机构之间缺少合作和矛盾尖锐等问题，而在其他协议中却出现签约方不合作的情况，如美国退出《京都议定书》。Bandaragoda D J.，Frisvold和Caswell（2000）指出，作为单向付款的替代或者可接受的外部性应进行联合谈判[⑤]。墨西哥是Colorado河的下游国家，但它却是Lower Rio Geande河的上游国家，在1994年的水条约中，通过联合谈判，墨西哥改变了之前对Colorado河只有水量而无水质保证的均衡。同激励问题相比较，联合博弈是一种重复博弈，也可以得到更高的联合收益。为此，Folmer和Bennett指出，联合博弈可避免单向付款[⑥]。此外，Joe Weston（2007）对涉及Wadden Sea的多边环境协议进行了研究[⑦]，Richard Perkins（2007）对欧盟的环境指令和改造后的多边环境协

---

① John A. List and Charles F. Mason. Optimal Institution Arrangements for Transboundary Pollution in A Second-Best World: Evidence From A Differential Game with Asymmetric Players [J] Journal of Environmental Economics and Management, 2001 (42): 277-296.

② Helmuth Cremer, Firouz Gahvari. Environmental Taxation, Tax Competition and Harmonization [J]. Journal of Urban Economics, 2004 (55): 21-45.

③ Charles D. Kolstad, Piercing the Veil of Uncertainty in Transboundary Pollution Agreements [J]. Environment and Redource Economics, 2005 (31): 21-34.

④ D. W. K. Yeung. Dynamically Consistent Cooperative Solution IN A Differential Game of Transboundary Industrial Pollution [J]. Journal of Optim Theory Appl, 2007 (134): 143-160.

⑤ Bandaragoda D J. A Framework for Institutional Analysis for Water Resource Management in River Basin Context. Working Paper, International Water Management Institute, Colombo, Sri Lanka, 2000, 23.

⑥ Baresel, C. and Destouni, G. Novel Quantification of Coupled Natural and Cross-Sectoral Water and Nutrient/Pollutant Flows for Environmental Management [J]. Journal of Environmental science & technology, 2005, 39 (16): 6182-6190.

⑦ Joe Weston. Inplementing International Environmental Agreements: The Case of the Wadden Sea [J]. European Planning Studies, 2007, 15 (1): 1133-1152.

议进行了分析[①]，Patrick Bernhagen（2008）对商业和国际环境协议进行了研究[②]，Erik Brukel（2003）对环境协议中的信念、利益和政府绩效进行了研究[③]，Ronald B. Mitchell（2006）对环境协议中的问题结构、制度设计和效率进行了研究[④]。

中国学者对环境协议的研究还处于初步阶段。王军（2005）认为，环境协议研究中两个最基本的问题是如何实现完全合作及怎样克服“搭便车”行为[⑤]。对于环境协议的稳定性，王军认为可获利性和稳定性或自我执行性是影响环境协议效率的因素。可获利性（profitability）即对任何一个国家或地区而言，参加合作必须是有利可图的；稳定性（stability）或自我执行性（self-enforceability）即一种联盟要稳定就必须能够防范联盟内各种偏离行为（deviant behavior），对联盟内的不遵守合作的行为具有免疫力，这种免疫力意味着联盟内的任何偏离行为都不可能带来更高的收益。当联盟内的所有成员都没有采取偏离行为的动机时，这种状态具有了“内部稳定性”（internal stability）的特征；当联盟外的成员也没有加入该联盟的动机时，这种状态就具有外部稳定性（external stability）的特征。联盟的稳定性意味着，联盟内部的“搭便车”行为得到有效矫正，没有成员想退出联盟；联盟外部的成员也无意加入该联盟，于是联盟不再扩张，合作得以维系，联盟实现稳定。在王军看来，以上三个条件具有逐渐增强性，可获利性是一个国家参加某一联盟的最低要求，稳定性是可获利性的充分条件，

---

① Richard Perkins, Eric Neumayer. Inplementing Multilateral Environmental Agreements: An Analysis of EU Directives [J]. Global Environmental Politics, 2007 (8): 13-41.

② Patrick Bernhagen. Business and International Environmental Agreements: Domestic Sources of Participation and Compliance by Advanced Industrialized Democracies [J]. Global Environmental Politics, 2008 (2): 78-110.

③ Erik Brukel. Ideas, Interests, and State Preferences: The Making of Multilateral Environmental Agreements with Trade Stipulations [J]. Policy Studies, 2004, 24 (1): 3-16.

④ Ronald B. Mitchell. Problem Structure, Institutional Design, and the Rlative Effectiveness of International Environmental Agreements [J]. Global Environmental Politics, 2006 (8): 72-89.

⑤ 王军．国际环境协议的经济学分析 [J]. 世界经济与政治论坛，2005 (2): 8-15.

而可获利性是稳定性的必要条件，因为如果一个联盟是无利可图的，那么这种联盟肯定是不稳定的。

“搭便车”行为的危害是它不仅直接威胁联盟的稳定，而且当没有外来机构监督协议的执行时，地区间的环境合作可能因此随时终止。王军指出，旁支付（side payment）和问题链（issue linkage）有助于强化各方的合作意愿和巩固协议的稳定①。旁支付是环境协议参与方之间的一种财政转移支付，目的是弥补某些国家或地区因参加协议和履行义务可能遭受的损失。在旁支付下，一些国家可以通过“出售合作”（cooperation for sale）来弥补参加国际环境合作遭遇的损失。问题链是影响环境协议履行和稳定的一组问题。由于在现实中一个地区往往会同时卷入与若干个地区的协商活动中，而协商的内容可能是环境问题，也可能是非环境问题。当这些问题相互交织时，如果将某个问题与其他问题相互链接起来，就有可能使那些在区域环境合作中不积极的地区作出适当的让步，从而参加保护全球环境的合作。例如，将一个环境协议与经济援助挂钩，就可能使得某些地区从非环境协议中的收益大于其在环境协议中采取“搭便车”行为的收益，于是“搭便车”行为就可以得到有效抑制，环境协议也就可以得到有效的履行。

1.3.4 跨行政区污染与环境公共物品供给

跨行政区流域水污染治理本质上是区域环境公共物品供给问题，学者们对于由谁来提供环境公共物品更有效率展开了讨论。F. Hayek（1980）认为，地方政府更接近信息源，因而能够比中央政府提供更有效率的公共物品②。Tiebout（1956）认为，当地方政府存在竞争关系时，居民可以通过“用脚投票”（vote by foot）的方式显示自己对公共产品

---

① 王军. 寻求稳定的国际环境协议［J］. 世界经济，2005（12）：52-63.

② F. Hayek. Individualism and Economic Order［M］. Chicago：University of Chicago Press，1980，15.

的真实偏好[1]。当居民不满意某一地方政府提供的公共物品数量和质量时，可以通过离开这一区域而选择数量和质量符合其偏好的地区居住，从而实现每一个地区公共物品的有效供给。Musgrave（1953）[2] 和 Oates（1972）[3] 根据财政联邦主义和财政分权理论认为应该由能够覆盖其成员的地方政府提供公共物品，通过地方政府间的竞争可以使地方政府更好地反映纳税人的偏好，"分权定理"由此而来。

财政分权理论的发展使一部分学者将注意力转移到政府层次和环境政策决策之间的关系，以及地区之间的竞争如何影响地区的环境政策等。George Break（2000）[4]、Helmuth Cremer（2004）[5] 等的研究有效地指出了环境公共物品提供中的政府博弈问题，地方政府为吸引企业向本地区流入以增加就业和刺激经济增长，通常通过降低税率的方式降低现有和潜在的企业成本，导致税率不断螺旋向下调整的"竞争到底"（race to the bottom）现象，使各区税率均处于偏低的水平，进而导致公共物品的非有效供给。这种观点拓展到环境规制领域，即地方政府竞争使所有地方政府以牺牲环境为代价来吸引企业的进入，导致所有地区的环境状况恶化。由此，George Break 认为，具有外部性的公共物品的提供应该由上一级政府来提高，而国家则应该提供全民性的公共物品。然而 Dean J. M.（2009）研究了不对称信息下的污染问题，研究结果并不支持这一结论[6]。集权状态下，中央政府拥有制定

---

① Tiebout，C. A Pure Theory of Local Government Expenditure［J］. Journal of Political Economy，1956（64）：416 -424.

② Musgrave，R. The Theory of Public Finance：A Study in Public Economy［M］. New York：McGraw-Hill，1959，78.

③ Oates，Wallace E. Fiscal Federalism［M］. New York：Harcourt Brace Jovanovich，1972，65.

④ George Break. Frisvold and Margriet F. Caswell. Transboundary Water Management：Gam -Theoretic Lwssons for Projects on the US-Mexico Border［J］. Agricultural Economics，2000（24）：101 -111.

⑤ Helmuth Cremer，Firouz Gahvari. Environmental Taxation，Tax Competition and Harmonization［J］. Journal of Urban Economics，2004（55）：21 -45.

⑥ Dean J. M.，Lovely M. E.，Wang，H. Are foreign investors attracted to weak environmental regulations? Evaluating the evidence from China［J］. Journal of Development Economics，2009，90（1）：1 -13.

规则的权力，但却缺乏执行的能力；在分权状态下，地方政府可以通过谈判来解决环境公共品的供给。Oates（2001）认为，地方政府竞争一定导致环境公共物品供给减少的结论是不完全正确的，因为地方政府提供的公共物品是影响外来生产要素流入的重要原因[①]。钱颖一等（1997）认为，传统分权理论只从地方政府的信息优势说明了分权的好处，但没有充分说明分权的机制，特别是对政府官员忠于职守的假设存在问题。事实上，政府和政府官员都有自己的物质利益，和企业经理人相类似，政府官员只要缺乏约束就会有寻租行为，所以一个有效的政府结构应该实现官员和地方居民福利之间的激励相容。显然，相比于Oates，钱颖一的结论更符合现实，官员在任期绩效考核的体制下，地方和官员的短期利益往往战胜了长远利益，而环境公共物品由于难以在短时期内见效，因而往往放到了次要的和被忽视的位置。Sigman（2004）在研究分权规制下美国跨行政区污染和规制效率时发现，各州存在“搭便车”的行为，但他认为这并不能说明中央的集权规制会更有效率，全国性的统一标准并不能解决问题[②]。

20世纪90年代以来，西方学者在环境政策的研究中，开始修正政府的支付函数，将政府社会福利最大化目标修正为社会福利和利益集团并重的双重目标，并以此考察环境管理部门、环保组织和利益集团围绕环境政策的博弈过程[③]。Portney（2004）把环境保护被视为“环境管理部门与产业集团、各州与地方政府、执行部门与国会成员，以及其他利益集团之间政治妥协的结果”，这也是这个时期的博弈论在污染治理方

---

① Oates，Wallace E. and Portney，Paul R. The Political Economy of Environment Policy. In K. G. Maler and J. Vencent. （eds）. Handbook of Environmental Economics［C］. Amsterdam：North-Holland/Elsevier Science，2001，25.

② Sigman，Hilary A. Transboundary Spillovers and Decentralization of Environmental Policies［J］. Journal of Environmental Economics and Management，2004（35）：205－224.

③ Jacqueline M. McGlade. Governance of transboundary pollution in the Danube Rive［J］. Aquatic Ecosystem Health&Management，2002，5（1）：95－110.

面运用的最大理论成绩[①]。

国内学者对由谁来提供流域公共物品展开了丰富的研究。毕亮亮（2007）认为，中国应设立更具权威性的流域综合管理部门作为国务院派出机构，负责指导制定跨行政区流域上下游地区的水资源治理的科学合理、有约束力的制度[②]。姚志勇（2002）指出，“由于受污染影响的地区对污染来源的地区没有管辖权力，而且地区之间的竞争还可能恶化污染问题，跨行政区的污染似乎需要来自更上一级的权威来进行统一的安排来实现有效的规制”[③]。

然而，对是否需要由更高一级的机构对跨行政区污染进行规制，学者们的意见并不一致。曾文慧（2007）指出，在信息不对称的情况下，更为集权的规制并不一定是有效率的，中央的集中规制并不一定会比地方分权规制更有效率，环境治理的结构对环境绩效有显著的影响[④]。赵来军、李怀祖（2003）指出，在信息不对称下，污染企业和地方政府并没有向上一级政府或流域管理机构提供真实信息的激励，反而具有因道德风险而提供对本地区有利而对其他地区不利的信息的动力。上一级政府或流域管理机构根据失真信息确定的最优污染物削减方案和污染物排放指标配额无法保证整个流域环境成本最小，根据这些失真信息确定的利益协调方案也无法保证上下游地区达到“双赢”，更无法保证上下游地区在利益协调上的公平。相比区域管理体制和指令配额管理体制，合作协调管理体制不但能有效地解决环境资源和社会资源的配置，而且能通过利益协调机制使上下游地区达到“双赢”，在满足集体理性的同时

---

① Portney, P. Introduction to the Political Economy of Environmental Regulations [EB/OL]. www. rff. org, 2004 - 02 - 28.

② 毕亮亮. 跨行政区水污染治理机制的操作：以江浙边界为例 [J]. 改革，2007 (9)：108 - 109.

③ 姚志勇. 环境经济学 [M]. 北京：中国发展出版社，2003：128 - 137.

④ 曾文慧. 越界水污染规制——对中国跨行政区流域污染的考察 [M]. 上海：复旦大学出版社，2007：68 - 69.

满足个体理性①。赵来军（2007）注意到在地方合作治理污染问题时利益分配的公平问题，“公平是一种带有浓重主观色彩的心理感受，公平的度量是一个十分复杂的问题，因此绝对公平的利益协调方案几乎是不存在的……对利益协调分配方案认同程度的不一致也影响合作协调管理体制在流域跨行政区水污染纠纷处理上的效果”②。

还有一些学者观察到了流域水污染治理中中央政府和地方政府在动力机制和目标上的差异。金通（2006）认为，不同行为主体对相同行为的驱动力在大小、来源等方面并不一致，由于主客观因素，中央政府和地方政府在环境管理动力上表现出明显的差异③。地方政府环境管理的内源动力要弱于中央政府，在财政分税制体制和绩效考核体制下甚至形成地方不得不污染环境的倒逼机制。随着地方政府层级的增加和单个地方政府管辖范围的减小，环境管理的收益和成本将更加不对称，外部性也会更强，地方政府环境管理的动力也会更弱，使各个地方政府提供的环境治理的努力程度之和小于环境治理努力程度的社会最优量。彭祥（2005）指出，中央目标与地方目标及各个用水主体目标之间很可能并不一致甚至相互冲突，中央具有集体理性，地方支付和用水个体具有个体理性，更感兴趣于如何在既定的约束下使自己的效用最大化，导致水资源配置过程中个体理性与集体理性的冲突，不能简单地忽略个体理性或通过强加干预的方式使个体理性表面服从集体理性，而是必须设计一种机制，在满足个体理性的前提下达到集体理性④。

---

① 赵来军，李怀祖．流域跨界水污染纠纷对策研究［J］．中国人口·资源与环境，2003(6)：49－54.

② 赵来军．我国流域跨界水污染纠纷协调机制研究——以淮河流域为例［M］．上海：复旦大学出版社，2007：29－34.

③ 金通．环境管理动力差异的博弈论解释及其含义［J］．统计与决策，2006（1）：34－35.

④ 彭祥．水资源配置的模式：从模拟、优化到博弈［N］．中国水利报，2005－12－03.

1.3.5 跨行政区流域污染的规制工具

如前所讨论，由于受外部性和规制结构的影响，跨行政区的环境污染问题很难通过市场机制自发解决，市场机制不能反映外部性的成本，因而只有通过某种制度安排，如征收污染税、排污费或明晰流域产权，将外部不经济转化为组织内部成本①。在如何对跨行政区流域水污染问题进行规制方面，学者们提出了法律措施、行政措施、经济措施和自愿协商等手段。

第一种手段通常是强调法律的作用。法律禁止是最强硬的政策手段，在一个现代的民主国家和法治社会，通常是以法律解决社会问题，人们的行为受到法律的约束。在有效的法治社会，受害者更倾向于以法律维护自己的权益，而不是依赖政府来确保不发生外部效应。但是，在 Dasgupta（2001）② 和 Macleod（2002）③ 等经济学家看来，建立一套有效地解决外部性的法律系统，首先必须要建立一套严格定义的稳定不变的产权关系。公共资源之所以容易受外部性的侵害，原因就在于其产权难以界定。以法律解决外部性问题通常面临着私人要承受较高的诉讼交易成本，而且诉讼的结果具有不确定性，精明的厂商通常会把外部性的影响削弱到接近但小于受损者诉讼的成本。作为理性的个人，如果其受外部性影响损失的价值小于诉讼的成本，那就不值得其去诉讼，而出现“搭便车”的现象：每个人都想让别人去起诉，而坐享他人诉讼成功的效益。国内学者赵来军（2007）指出，法律条文主要是针对企事业单位或者个人的环境损害纠纷，对于跨行政区流域

① Hilary Sigman. Letting states do the dirty work：State responsibility for federal environmental regulation [J]. National Tax Journal，2003，56（1）：107－122.

② Dasgupta，Susmita. Environmental Regulation and Development：A Cross-country Empirical Analysis [J]. Journal of Oxford Development Studies，2001，29（2）：173－187.

③ Macleod Calum. Continuity versus change：enforcing Scottish pollution control policy in the 1990s [J]. Journal of Environmental Policy and Planning，2002（3）：237－248.

污染，诉讼主体转变为地方政府，虽然牵涉的诉讼主体大为减少，但环境产权问题比个体之间的纠纷更为繁杂，同时存在取证难、执行难等问题，大大影响了法律效力①。理论上，通过流域统一管理水资源可以实现全流域的效益最优，但实际上由于缺乏激励机制，使得强制性的法律很难达到预期目标。

第二种思路是根据科斯定理，以产权改革为突破口，建立合理的水权分配和市场交易体系。政府通过调节市场而不是通过行政命令来保证全流域水资源的合理分配和利用，建立由价格制度、保障市场运作的法律制度为基础的水管理机制。科斯定理的一个重要结论是不管初始权利属于谁，只要产权关系明确界定，那么私人成本和社会成本就不会产生背离，而一定会相等，都可以通过市场交易和权利买卖者的互定合约而达到资源的最佳配置②。Dales（1968）首次提出排污权概念，认为污染实际上是政府赋予污染企业的一种产权，且这种产权是可以转让的，通过市场的方式可以提高资源的使用效率③。在 Hardin（1968）看来，公有产权形式总是缺乏效率的，而政府又总是难以避免短期主义，使政府自身成了环境问题的原因，"公地悲剧"在某种程度上更确切地说应是"政治公地的悲剧"④。Coel（2002）认为，环境资源的稀缺性与其他资源稀缺性的不同在于环境资源具有非排他性，环境问题的根源在于产权没有得到完全的界定⑤。OECD（1996）指出，经济手段是环境问题管理的发展趋势⑥。综合来说，科斯思路的核心是把水资源当作一种商品，

---

① 赵来军，李怀祖．流域跨界水污染纠纷对策研究［J］．中国人口·资源与环境，2003（6）：49－54.

② Coase. Ronald H. The problem of Social Cost［J］. Journal of Law and Economics，1960（3）：1－44.

③ Dales J. H. Pollution,，Property and Price［M］. Toronto：University of Toronto Press，1968：19－27.

④ J. Hardin Garrett. Tragedy of the Commons［M］. Oxford University Press，1968：93－96.

⑤ Coel，Daneil H. Pollution and Porpetry：Compairing Ownership Institutions for Environmental Protection［M］. New York：Combirdge University Press，2002：104－13.

⑥ OECD. 环境管理中的经济手段［M］. 张世秋译．北京：中国环境科学出版社，1996：22－27.

通过清晰的产权界定，利用市场加以配置，从利益出发建立流域"激励相容"机制。从目前文献的争论来看，科斯定理主要存在两个问题：一是交易费用为零的假定过于严格，现实生活中不存在；二是当受损者是人数众多时，巨大的交易费用而使自愿协商成为不可能，从而出现"搭便车"问题①。为此，胡鞍钢、王亚华（2000）指出，水资源的分配是一种利益分配，其配置方案不仅需要技术上、经济上的可行性，更重要的是政治上的可行性②。

第三种思路是进行国家行政调节。Kucera Dan（2001）指出，当法律和经济手段不能矫正外部性时，则存在国家进行行政调节的可能性③。政府可以从行政上指示企业提供最优的产量组合，如调整电力和石化等高污染工业的生产布局，严格限制厂址的选择，把产生外部性和受外部性影响的厂商联合起来，使外部性内在化。以污水排放为例，如果把上游地方政府与下游地方政府合并，则污水净化成本将变成合并后的地方政府的私人成本，外部性也就将受到限制。在简单的模型中这种方案是可以成立的，但是当外部性涉及的地方政府太多时，要使他们组织起来把外部性内在化的成本太大，且当决策变量太多时，其计算程序的复杂恐怕也难以胜任。Sigman（2004）④、Kathuria（2007）⑤ 指出，政府特许是行政调节的另一重要手段，政府可以通过特许制度控制进入主体的数量和条件，以满足特定的环境标准。在绩效规制下，政府可以建立规制目标，如湖南省在两型社会的建设中，政府即设立了一系列约束性指标以降低污染。

---

① 余永定等．西方经济学（第三版）[M]．北京：经济科学出版社，2005：168－173.

② 胡鞍钢，王亚华．转型期水资源配置的公共政策：准市场和政治民主协商 [J]．中国软科学，2000（5）：5－11.

③ Kucera Dan. Barring Duplicate Agency Enforcement Actions [J]. Journal of Water Engineering & Management，2001，148（6）：8.

④ Sigman，Hilary A. Transboundary Spillovers and Decentralization of Environmental Policies [J]. Journal of Environmental Economics and Management，2004（35）：205－224.

⑤ Kathuria，V. Controlling water pollution in developing and transition countries-lessons from three successful cases [J]. Journal of Environmental Management，2007，78（4）：405－426.

近年来，受多中心治理理论的影响，自组织治理模式被认为是一种新的公共事务的治理之道。自组织治理模式是指通过各行政区域主体之间的自主协商，形成一定的水平型的治理结构，以有效治理跨行政区水污染的治理模式。陈瑞莲（2005）对流域区际生态补偿问题的研究认为，可以采取流域区际民主协商和横向转移支付的准市场模式①。胡鞍钢、王亚华（2000）也提出了以“政治民主协商制度”和“利益补偿机制”为核心的准市场的治理模式，以协调地方利益分配，同时达到优化流域水资源配置的效率目标和缩小地区差距的公平目标②。孙泽生、曲昭仲（2008）指出，除自主协商的转移支付模式外，另一种提供给激励上游区域自组织治理的模式是通过“异地开发补偿”式的间接税收转移弱化上游地区增加排放的激励，推动流域上下游之间激励相容效应的实现③。异地开发补偿还有利于利用污染治理的规模经济效应，进一步降低水污染的外部效应。

1.3.6 博弈论在流域水环境治理中的运用

Maler（1989）首先将博弈论用于考察欧洲酸性物质的跨行政区污染（transboundary pollution）问题，认为单边支付是所有国家结成联盟进行完全合作的前提④。Maler 的模型包括 27 个国家，每个国家酸性沉积物的分布忽略不计，转移系数 a_{ij} 表示从国家 j 到 i 的污染物的转移，得到一个 27×27 的转移系数矩阵。每个国家 i 有一个连续的、线性成本

---

① 陈瑞莲，胡熠．我国流域区际生态补偿：依据、模式与机制［J］．学术研究，2005（9）：71－74.

② 胡鞍钢，王亚华．转型期水资源配置的公共政策：准市场和政治民主协商［J］．中国软科学，2000（5）：5－11.

③ 孙泽生，曲昭仲．流域水污染成因及其治理的经济分析［J］．经济问题，2008（3）：47－50.

④ Maler. The Acid Rain Game［A］. In H. Folmer and E. van Ierland (eds), Valuation Mathods and Policy Making in Envirroment Economics［C］. Amseterdam: Elsevier, 1989（3）: 56－78.

函数 $C_i(E_i)$，其中 E 代表代表排放量的向量。E 的减少意味着 C 的上升，每个国家稳定沉积量由 $Q = AE$ 给出，其中 Q 代表国家沉积率的向量，最后可以确定一个损害函数 $D_i(Q_i)$。虽然 Maler 承认这个损害函数具有不确定性，但 Maler 首次将博弈论运用到跨行政区污染中无疑是具有开创性的。1991 年，Maler 把酸雨静态博弈扩展为动态博弈，使表层水、地下水和土壤中的污染也包括进来并被动态化，根据无名氏定理，当博弈次数趋向于无穷时，“搭便车”的倾向将会消失，因此 Maler 的这一进展也改变了谈判各方的策略状态①。由此，各国学者拉开了运用博弈论研究跨行政区污染问题的序幕。

（1）博弈论与流域水资源配置。彭祥、胡和平（2006）运用非合作博弈对不同水权模式下的水资源配置效率进行了研究②。分析表明，在公共水权模式下，由于负外部性的存在，在最优点上个人边际成本小于社会边际成本，纳什均衡的取水量大于全流域最优的取水量，说明在缺乏排他性产权的制度背景下，流域水资源被过度利用——上游用水主体因具备先动优势而恣意用水，由此给下游用水主体带来利益损害。在个体理性的作用下，试图通过全局优化实现流域水资源配置的帕累托改进无法实现，但流域不同省区间单位用水的边际收益有较大差异，因而存在通过合作用水提高全流域用水收益的潜力。为此，彭祥和胡和平证明了合作博弈的核的存在，并利用 Nash-Harsanyi 讨价还价解算法和权重分配法对合作博弈解进行了计算和比较。

同时彭祥、胡和平（2006）对黄河流域的实证研究证明，开放式用水仍是流域各省区的自主选择，现状用水是一种无序的用水模式，不仅没有考虑河道内生态用水的需要，而且总用水量很大、全流域用水收益

① Maler. International Environmental Problem [J]. Oxford Review of Economic Policy, 1991 (6): 80-108.

② 彭祥，胡和平. 不同水权模式下流域水资源配置博弈的一般性解释 [J]. 水利水电技术，2006 (2): 53-56.

很小①。他们的研究结论被胡鞍钢、王亚华（2000）所证实，胡鞍钢、王亚华以黄河为例，研究了在1987年黄河水量分配方案实施以前，黄河水资源处于“开放的、可获取资源”（open-access resource）条件下流域上下游水供给的约束条件②。结果表明，在“取水最大化”目标的引导下，黄河用水量迅速增加，公共资源被过度耗用。

（2）博弈论与流域污染。国内较早关注跨行政区污染中府际博弈问题的有姚志勇（2006）等人。姚志勇指出，国内外部性与国际外部性的本质区别在于前者由于政府的存在，可以通过征收排污税等方法使外部性内在化，而全球公共财产因为不存在超国家的政府能够具有完全的权力去内在化国际外部性，因而更难解决③。比较而言，相对于府际博弈，流域水污染及治理中企业的囚徒困境、企业和居民的博弈，以及政府和企业的监管博弈是学者们研究较多的领域。

韩贵锋、马乃喜（2001）对企业治污的囚徒困境进行了研究，从博弈论的角度阐释了无监管下公地悲剧的成因④。在企业的囚徒困境中，假设甲乙两个企业，他们对污染有两个选择：治理和不治理。如果都不治理的收益分别为R_1和R_2；当治理时，收益为N_1和N_2，进行治理时，环境得到改善，但由于环境改善的长期性和正的外部性，使得对治理的投资往往大于从其中得到的短期的直接得益，即$R_1>N_1$，$R_2>N_2$。很明显，无论甲选哪种决策，乙的最优决策均为不治理（$R_2>N_2$）；反之，无论乙是采取治理还是不治理，甲的占优策略同样是不治理（$R_1>N_1$），即纳什均衡（不治理，不治理），即达到了“囚徒困境”。同样，这一理论分析也可以运用于企业污染治理之间的智猪博弈和斗鸡博弈。

① 彭祥，胡和平．黄河水资源配置博弈均衡模型［J］．水利学报，2006（10）：1199－1205.

② 胡鞍钢，王亚华．转型期水资源配置的公共政策：准市场和政治民主协商［J］．中国软科学，2000（5）：5－11.

③ 姚志勇．环境经济学［M］．北京：中国发展出版社，2003：128－137.

④ 韩贵锋，马乃喜．环境保护低效率的博弈探析［J］．生态经济，2001（6）：19－22.

杜宽旗（2008）[①]、赵红梅（2006）[②] 和孙米强（2006）[③] 对政企监管博弈进行了研究。在监管博弈中，政府被假定为公共利益的代言人，代表公共利益执行国家法律法规，和企业的利益具有根本对立性。在监管博弈中，政府的监管概率与企业的治污成本成正比，企业的治污费用越高，企业越倾向于排污，而政府也越倾向于监管；政府监管的概率与企业对自身形象重视和政府对其排污的罚金数额成反比，即企业越不倾向于排污，政府的监管力度也会相应降低，这一观点能部分在大企业和中小企业对治污的态度上体现。而反过来，企业排污的概率与政府的管制费用成正比，即政府对企业的监管成本越大，企业越倾向于排污；同时，企业排污的概率与排污对政府的声誉影响和政府对企业的处罚金额成反比，即政府对自身声誉越重视，对企业排污处罚越大，企业越倾向于不排污，而如果上级部门对政府的绩效考核不是简单的 GDP，而是绿色 GDP，或者公众和媒体能充分发挥监督的作用，则政府会加强监管力度。

综上所述，前人的研究为博弈论在流域水污染中的运用铺垫了很好的基础，也取得了一系列有价值的成果，同时也存在一些不足。从博弈角度分析跨行政区流域水污染问题，它不仅是企业之间的博弈，也不仅是政府和企业之间的博弈，它更是政府与政府之间的府际博弈问题。可以说，跨行政区流域水污染问题的日益严重，与政府之间的相互博弈具有巨大的关联。如果不能认识到这一点，并采取有效的应对措施，则必然会对中国的跨行政区流域水污染治理产生很大困难。因此，如何有效规避或遏制中央政府与地方政府之间、地方政府与地方政府之间，以及政府部门之间的恶性竞争博弈，在满足各级政府及政府部门理性的情况

① 杜宽旗，程惠．长江三角洲水污染的博弈分析［J］．环境与可持续发展，2008（2）：35－37.

② 赵红梅，孙米强．长江三角洲环境污染治理的博弈分析［J］．环境与可持续发展，2006（5）：36－38.

③ 孙米强，杨忠直．环境污染治理的博弈分析［J］．生态经济，2006（10）：108－110.

下对跨行政区流域水污染进行的治理显得尤为重要。

1.4 研究思路与章节结构及主要创新点

1.4.1 研究思路

本书首先根据国内外研究现状和实际背景提出问题，然后确立研究主题，并在此基础上建立研究假设，继而从跨行政区流域水污染的性质、特征和治理困境入手，对跨行政区流域水污染治理府际博弈的概念和类型进行了分析，进而对跨行政区流域水污染的府际博弈的机理和模型进行了分析，建立起跨行政区流域水污染府际博弈的理论框架，并运用实证和案例进行分析，最后从博弈规则的视角探讨建立跨行政区流域水污染治理的制度安排及对策建议，全书总体上可分为问题提出、文献综述、理论探讨、数理建模、案例研究和政策建议六大板块，如图 1.3 所示。

（1）文献综述。检索国内外最近的流域水污染的外部性、流域水污染的治理结构、流域水污染的规制手段等相关文献，对以往研究的主要观点、方法和理论基础进行综述，提出本书的研究问题。

（2）理论推演。根据研究问题，提出府际博弈的非理性均衡是跨行政区流域水污染的深层次原因这一理论假设，根据这一假设进行理论分析和建立数理模型，包括跨行政区流域水污染治理的制度基础、概念界定和府际博弈的机理及模型，构建出跨行政区流域水污染治理的府际博弈的理论体系。

（3）数理建模。根据博弈论的一般理论建立跨行政区流域水污染治理府际博弈的静态博弈和动态博弈模型。

（4）实证分析。对全国流域水污染的情况进行统计分析，检验上述提出的理论模型。同时，对湘江流域的跨行政区污染问题进行了实证考察，并以区域经济的关键反映指标——产业结构为核心，对湘江流域长株潭三市产业结构的关联及其对流域水环境的影响进行了分析。

（5）政策建议。通过对跨行政区流域水污染治理府际博弈的系统分析，得出只有改变博弈规则才能改变博弈结果这一结论，从而提出跨行政区流域水污染治理的政策建议。

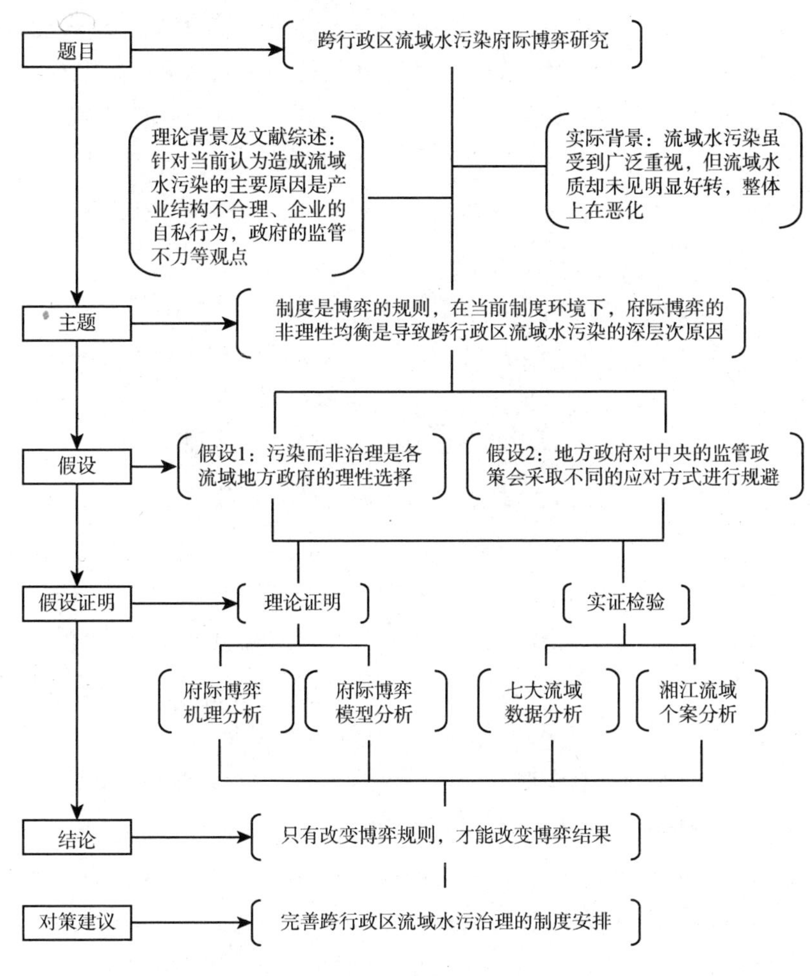

图 1.3 研究思路

1.4.2 章节概述

本书共分为七章：

第 1 章绪论，目的在于提出本书的研究问题，确定研究框架和研究方法。一般而言，对任何社会问题的研究，都有一个方法论基础，在跨行政区流域水污染府际博弈的分析中，我们将中央政府和地方政府之间的博弈，以及地方政府之间的博弈作为研究的主要内容，并将地方政府作为理性的政治人，地方政府作为中央政府在地方的代理人有代表公共利益的诉求，也有追逐区域利益和个人利益的价值取向，这个假设也是本书分析的基础。

第 2 章基础概念界定及基本理论。在本章中，我们对行政区、跨行政区流域水污染、府际博弈的概念、特征及表现形式进行了详细的界定和描述，对为何要以行政区为分析单位对本问题进行研究进行了交代；随后我们介绍了博弈论的基本要素和分类，以及制度对博弈的意义；最后结合环境经济学和公共产品理论对流域的性质及流域水污染的外部性进行了阐述。

第 3 章跨行政区流域水污染府际博弈的机理分析。本章从府际博弈的基本假设、流域水污染治理的成本函数及公共品自愿供给的纳什均衡出发，着重阐述了跨行政区流域水污染治理的制度环境，分析了流域管理体制缺陷、环境执法效率不高、跨行政区水污染纠纷处理方式的单一、博弈参与人的信息不对称和政府绩效评估导向偏差对跨行政区流域水污染治理制度适应性的影响，从博弈参与人之间的信息不对称、治理主体的利益冲突，以及跨行政区流域水污染治理的制度环境等方面解释了现有制度框架下流域水污染治理低效率的原因。

第 4 章跨行政区流域水污染府际的博弈模型。本章从基本假定出发，构建了中央政府和地方政府的静态贝叶斯博弈模型、信号传递模型，以及地方政府之间的流域水污染治理博弈模型和府际博弈中的多方合作模型，给出了合作博弈中联盟效益分配的 Shapley 值。

第 5 章跨行政区流域水污染府际博弈的实证分析。本章从宏观上介绍了中国流域水污染的概况和特征，用调查统计数据重点从监控断面水质恶化与流域限批、跨行政区流域水污染事故频发、流域水污染治理财政投资的分配，以及地方政府对环境执法的影响等方面分析了跨行政区流域水污染府际博弈的表现。更进一步地，以湘江流域为实证考察对象，证明了本书研究提出的假设。

第 6 章美澳两国典型跨行政区流域治理的经验及启示，提出我国应加强流域管理立法，提高和明确流域管理机构的法律地位和职权，加强流域管理机构与流域政府，以及社会公众之间的协调、沟通与合作，增强流域管理中的民主性和科学性，并通过制定具体的行动方案，提高公众参与流域环境保护的认知和实践的积极性，改善我国流域环境生态恶化的局面。

第 7 章跨行政区流域水污染治理的制度安排。本章从博弈规则的视角提出跨行政区流域水污染治理的解决方案，其基本出发点是将制度视为博弈规则，提出改变跨行政区流域水污染府际博弈的结果，其首要之处在于完善博弈规则这一总结性的观点。本章从跨行政区流域水污染治理的责任制度、流域产权制度、流域生态补偿制度、政府绩效评估制度、环境公益诉讼制和社会协同治理制度等方面强调完善博弈规则对博弈结果的重要性。

最后为本书的结论，是对全文进行总结，分析本书研究结果对跨行政区流域水污染的政策意义，对本书的研究结论及未来的进一步研究加以说明。

1.4.3 主要创新点

相对于已有的相关研究而言，本书的创新点主要体现在以下方面：

（1）在研究视角上，本书从府际博弈的角度研究跨行政区流域水污染问题，试图对我国流域水污染何以会面临种种困境进行解释和分析，并提出相应的解决方案。这相对于以往从产业结构和企业责任等角度研究而言，研究视角具有新意。本书借鉴新制度经济学的研究成果，将制度视为博弈规则，认为在现有制度环境下府际博弈的集体非理性是导致跨行政区流域水污染治理困难的重要原因，从而在总结以往从产业结构、企业责任、环境监管体制和治污技术等研究的基础上，进一步深化了流域水污染的研究内容。行政区和行政区经济的存在是跨行政区流域水污染府际博弈研究的基础，府际博弈的特征在于地方政府既是本地区污染的规制者，又是跨行政区污染规制的谈判方。在跨行政区流域水污染中，由于污染的外部效应和现有制度的不完善，政府就有可能通过粗放式的经济发展方式来获得政治上的晋升空间。在这一过程中，污染而非治理就成为地方政府不得已而为之的理性选择。本书紧紧围绕这一研究主线，构建跨行政区流域水污染府际博弈的理论体系。

（2）在研究内容上，本书以博弈理论为核心，综合运用府际关系理论、制度经济学理论、环境经济学理论和公共产品理论研究跨行政区流域水污染问题，分析研究了在跨行政区流域水污染中府际博弈的内涵和机理，构建了跨行政区流域水污染府际博弈的理论模型，利用中国七大流域水环境的整体数据和湘江个案分析了府际博弈的存在是流域水环境恶化的重要原因，揭示出改变博弈规则是改善流域水环境的关键这一核心观点。

（3）在实践价值上，本书通过对跨行政区流域水污染府际博弈的理论和实证研究，对作为流域治理主体同时又是博弈参与人的政府在流域水污染中的行为进行了深入分析，能够在一定程度上解释流域水污染愈演愈烈的原因，这对于今后我国政府在解决具有类似外部性问题上能够提供理论上的参考，有利于诸如水污染这类负外部性问题的解决。

第2章　基础概念界定及基本理论

韦伯在《经济与社会》一书中曾言："介绍性的讨论一下概念是不可或缺的，尽管事实上这难免显得抽象并给人远离现实的印象。使用这种方法并无任何新颖之处。相反，它只求阐明所有经验社会学在论及同样的问题时究竟所言何指，希望使之成为比较便利、比较恰当的术语。"① 本章承接上一章，核心任务是对跨行政区流域水污染府际博弈的基本概念进行界定，以明确本书的研究对象和范围，然后对本书涉及的一些主要理论——博弈理论、府际关系理论、环境经济学理论和公共产品理论如何与本书研究的内容契合进行简要的分析。

2.1　跨行政区流域水污染的界定及内涵

2.1.1　行政区

行政区的概念可以从静态和动态两个层面进行理解。静态意义上，行政区即行政区域，是国家为设置各级政权机关，实现对国家的管理而划分的各类区域，包括省、市、县、乡镇四级行政区；动态意义上，行政区即行政区划，是国家为了实现自己的职能，根据政治、经济、民族、历史等各种因素

① 马克斯·韦伯．经济与社会（第一卷）［M］．上海：上海世纪出版集团，2010，91.

的不同，在中央的统一领导下，把领土划分成大小不同、层次不等的区域，并在此基础上建立相应的政权机关进行社会管理的制度。从政区地理角度上看，行政区划主要有四个要素：一是层级，即中央到地方分几个层次进行管理，这是行政区划的最基本要素，层级越多越不便于中央政令的传达；二是区域，即行政区的管辖范围，不同层级的行政区划需要有不同的区域，以便进行有效的管理；三是边界，即行政区与行政区之间的界线；四是行政中心，每个行政区划都有一个行政中心，行政中心位置的确定与政治形势、区域或自然环境有很大的关系①。从本质内涵上看，行政区划是国家内部的地域性分权，是国家公共权力的区域配置，调整行政区划意味着“公共权力”在地区之间的再分配。综合起来说，行政区是国家根据政权建设、经济建设和经济管理的需要，遵循行政区划法规等法律规定，充分考虑政治、经济、历史、地理、人口、民族、文化等客观因素，按照一定的原则，将全国领土划分成若干层次、大小不同的区域②。据民政部《2014 年社会服务发展统计公报》统计，截至 2014 年底，全国共有省级行政区划单位 34 个（其中直辖市 4 个、省 23 个、自治区 5 个、特别行政区 2 个），地级行政区划单位 333 个（其中地级市 288 个、地区 12 个，自治州 30 个、盟 3 个），县级行政区划单位 2854 个（其中市辖区 897 个、县级市 361 个、县 1425 个、自治县 117 个、旗 49 个、自治旗 3 个、特区 1 个、林区 1 个），乡级行政区划单位 40381 个（其中区公所 2 个、镇 20401 个、乡 11111 个、苏木 151 个、民族乡 1019 个、民族苏木 1 个、街道 7696 个）。

在转型期，行政区带来的一个严重后果是行政区经济，地方保护、区域壁垒等成为行政区经济运行中的典型不良影响。在行政区经济高速运转的阶段，行政区的经济功能大大强化，“公共权力”成为区域发展中最重要的资源——行政区等级越高，权力积聚越多，地方发展经济的动力就越强，就越有利于区域发展。行政区的存在是跨行政区流域水污染研究的基础，如果没

---

① 郭声波．飞地行政区的历史回顾与现实实践的探讨［J］．江汉论坛，2006（1）：88－91.

② 王川兰．竞争与依存中的区域合作行政——基于长江三角洲都市圈的实证研究［M］．上海：复旦大学出版社，2008：107－109.

有行政区则无所谓跨行政区问题，这也是本书为何从跨行政区的角度研究流域水污染的重要原因。

2.1.2 跨行政区流域水污染

跨行政区污染在有些时候又被称为越界污染或跨界污染，据曾文慧（2007）研究，越界污染是指超越国家、省或其他行政辖区政治管理边界的物理外部性①。因此，越界污染的外延比跨行政区污染要大，本书所指跨行政区污染不指超越国家边界的污染，仅指一国范围内超越省（直辖市、自治区）、市、县、乡边界的污染。一般而言，具有流动介质的物体污染都可能产生跨行政区问题，如空气和水。工业革命则增强了人类开发和干预自然的能力，人类通过修筑大坝或水库等工程建设的手段，人为地改变了流域的自然流动性和整体性。一方面增强了人类对抗干旱洪涝灾害的能力，提高了流域资源的利用效率；另一方面也改变了流域原有的生态平衡，带来了一些负面的影响。正是由于流域的这种自然流动性、整体性和可人为改变性，使得人类有可能在某些外部性事务的处理上具有“搭便车”的行为倾向，如将污水排入河流湖泊，将污染从上游转移到下游，导致流域污染在跨行政区域的层面产生②。根据《中华人民共和国水污染防治法》的规定，水污染是指水体因某种物质的介入，而导致其化学、物理、生物或者放射性等方面特征的改变，从而影响水的有效利用，危害人体健康或者破坏生态环境，造成水质恶化的现象。

从这一定义可知，国家对污染的定义是从人的安全出发的，也就是说如果不足以构成对人的安全，则不能定义为污染。这一定义与西方学者从环境伦理的角度考虑污染大体一致。戴斯·贾丁斯（2006）讲道：“在我们所遇

---

① 曾文慧．越界水污染规制——对中国跨行政区流域污染的考察［M］．上海：复旦大学出版社，2007：1.

② 李胜，王小艳．流域跨界污染协同治理：理论逻辑与政策取向［J］．福建行政学院学报，2012（3）：84－88.

到的环境问题的挑战中，有些目标的具体化很困难。人人都想拥有清洁的水和空气，但到底怎样才算干净？为达到这个目标我们要放弃什么？纯水绝对没有污染物，但有实验室里才有，自然界里不可能……，安全不是一个全是或全非（all-or-nothing）的概念。为确定安全性，我们还要权衡风险和利益，就像日常行为中遇到的那样……若某件事的风险是可接受的，且其效益超过其潜在的费用，我们就可以判断它是安全的"①。对此，William Baxter《在人还是企鹅》（*People or Penguins*）中写道："断言存在污染问题或环境问题只是个论断，至少是含蓄地说某个或许多资源未能被最大的满足人类需求"。以此，人类社会认为太多的污染不可接受，但希望达到完全污染的空气和水的价格太高了。因此，重要的是社会旨在达到一个风险的平衡，一个污染的适宜量级。污染的最适宜程度在某个平衡点达到，在该点上，下次用于降低污染的交易会导致总体满足的下降，用于对付污染的资源在其他方面有较高的价值。这个平衡点是公共政策的目标，也是达到最优满足的点，见图 2.1。

在图 2.1 中，控制污染的边际成本曲线（MC）斜率为正，表明控制污染的边际成本递增；边际收益曲线（MB）斜率为负，表示控制污染的边际收益递减。社会最优污染控制水平在 A 点达到（$MC = MB$）。如果市场价格不能反映社会边际收益，生产者就没有激励控制更多的污染，因为控制的成本大于收益。如果政府以 $t = MC = MB$ 的值征收排污税或排污费，则对于污染者来说，控制污染的成本与收益相等，但是如果政府以 $t > MC$ 的税率征收排污税，则污染者控制污染的收益大于成本，那么将有利于激励污染者提高污染控制水平。

跨界断面水质是衡量跨行政区流域水污染发生与否的重要指标。跨界断面，是指各区（省、市、县、乡）辖区内主要河流入境的水质监测断面和出境的水质监测断面。出境的水质监测断面为考核断面，入境断面为参考断面，当出境的水质低于入境的水质水平时，我们即认为该区

---

① ［美］戴斯·贾丁斯．环境伦理学：环境哲学导论（第三版）［M］．林官民，杨爱民译．北京：北京大学出版社，2006：54.

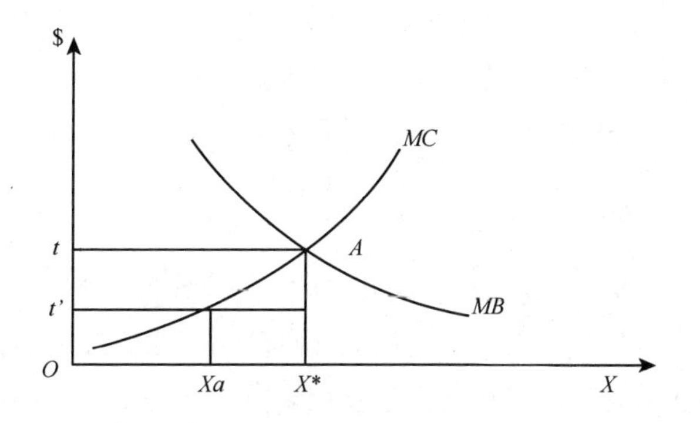

图 2.1　社会最优的污染控制水平

增加了污染水平。根据曾文慧（2007）的研究，跨行政区污染与地区间规制竞争和公地悲剧等概念既存在联系又存在区别，地区间规制竞争在各地区政府可以自由制定环境标准时出现。如果 A 区设定的环境标准较低，那么 B 区的投资者可以威胁将企业迁移而迫使 B 区降低环境标准，这就出现了环境标准螺旋降低的情况，同样这一现象也出现在地方政府为吸引投资而不断优惠的政策上。越界污染的物理范围往往只涉及一小部分相邻地区，但是地区间环境规制的竞争有可能会波及众多相邻或不相邻的地区，迫使各区域各自调整其环境规制政策。如果污染排放到没有任何主体所控制的区域而该污染又通过水或空气等媒介影响到一个或几个行政管辖区域的局面，这就意味着“公地污染”的发生。Siebert（1998）指出，跨行政区流域水污染体现的地区外部性，其特征可以用一个扩散函数 T 表示：地区 j 的环境质量不仅由本地区决定，而且也通过扩散函数 T 由地区 i 的污染物排放水平决定，即 $U^j = G^j[E^j, T(E^i)]$，T 可能是单向的。Weber（2006）在《环境约束下的水权交易》中提出，河流上游第 i 地区和它相邻的下游第 $i+1$ 地区的水质差别①：

$$q(i) - q(i+1) = f^i(c(i), e(i), v(i), q(i)) \qquad (2.1)$$

① Marian L. Weber. Market for Water Rights under Environmental Constrains [J]. Journal of Environmental Economic and Management, 2001 (42): 53 - 64.

其中，$q(i)$ 和 $q(i+1)$ 分别代表第 i 地区和第 $i+1$ 地区的水质水平；$c(i)$、$e(i)$ 和 $v(i)$ 分别代表第 i 地区的水资源消费量、污染物排放量和水资源配置量。同时，第 i 地区的水质公式：

$$q(i) = \sum f^{j}(c(j), e(j), v(j), q(j)) + q_0 \tag{2.2}$$

式（2.2）表明，第 i 地区的水质是通过函数 f 由前 $i-1$ 个地区累积形成的，上游地区不仅对下游地区的环境质量产生直接影响，还对其下游地区以下的各地区环境质量产生直接影响。在跨行政区污染上，如果污染物排放水平在上游 i 地区和下游 $i+1$ 地区的交界处达到了边界水质标准，则不存在跨行政区污染问题；如果超过了边界水质标准，就产生了跨行政区污染问题。

2.1.3 跨行政区流域水污染的性质和特征

曾文慧（2007）指出，中国环境恶化程度的加深突出表现在跨行政区的污染事故和纠纷上，而其中最为严重和典型的是流域水污染问题①。跨行政区流域水污染可以分为多向污染和单向污染：多向污染是两个及两个以上行政区之间的相互污染；单向污染是指某一行政区总能向另一个行政区转移污染的外部性，但另一方则不能，受到污染的一方无法通过削减本地区污染的方式激励污染来源地区削减污染。由于多向污染可以通过多边协议以外部性的相互制约来换取对方同等的规制行为予以解决，因此跨行政区流域水污染的主要难点在于单向污染。跨行政区流域水污染与一般污染的不同之处不仅在于它是一种可转移的外部性，更在于其涉及的地方政府——既是本区域环境污染的规制者，又是跨行政区污染治理的谈判方。污染的溢出效应使各行政区无法单独对污染进行有效的治理：对污染来源地区来说，为控制本地企业的污染而影响本地经

① 曾文慧．越界水污染规制——对中国跨行政区流域污染的考察［M］．复旦大学出版社，2007：1.

济发展使其他地区受益不是理性的选择；被受污染的行政区则无法对辖区外的企业污染行为进行规制，或者说执行成本太高而不能实现。因此，从性质上说，跨行政区流域水污染的典型特征：一是全球性，是指环境问题不是某一国家或地区的事，而是全世界共同面对的，关系整个人类生存和可持续发展的问题；二是跨区域性，或者说是渗透性，是指流域水污染的影响是跨越人为边界设定的，也是人为边界设定阻挡和控制不了的①，这种特征为跨行政区流域水污染的治理带来了很大的困难和挑战。但是，对于一个复杂的系统问题而言，造成跨行政区流域水污染的原因除了与它的性质特征有关，也与转型期的体制及经济增长方式、制度不完善、执法不严有很大的关系。

2.2 博弈理论

博弈论（game theory）又称“对策论”，是研究个人或是组织在面对一定的环境条件和规则约束下，依靠所掌握的信息，如何进行决策及决策的均衡，并从各自的决策中取得相应结果或收益的过程的理论和方法。“囚徒困境”（prisoners’ dilemma）是博弈论中一个经典模型，它反映了个人理性和集体理性的矛盾，是人类社会不合作现象的最好、最简单抽象。

2.2.1 博弈论的分类

博弈论根据假设的不同可分为合作博弈（coprative game）和非合作博弈（non-coprative game），如图2.2。两者的区别在于参与人能否达成一个具有约束力的协议。如果能，则称为合作博弈；如果不能，则称为非合作博弈。合作博弈，也称联盟博弈（coalitional game）。根据有无转移支付可

---

① 苏长和．全球公共问题与国际合作：一种制度的分析［M］．上海人民出版社，2009：6.

分为可转移支付联盟博弈（coalitional game with transferable payoff）和不可转移支付联盟博弈（coalitional game with non-transferable payoff）。如果联盟的收益可以在联盟成员中进行分配就是可转移支付联盟博弈；否则，就是不可转移支付联盟博弈。20 世纪 50 年代，合作博弈的研究达到鼎盛时期。此后，博弈论的研究重点逐步转向非合作博弈，非合作博弈表面上是研究非合作的规律，但实质上更深的目标是寻找非合作中的合作之路。

非合作博弈是现代博弈论研究的重点，主要研究博弈各方在既定的约束条件（制度规则）下如何选择策略使得自己的收益最大化，它强调个人理性和个人最优决策，但其结果却未必集体最优。从参与人的行动顺序上分，可以把非合作博弈分为静态博弈（static game）和动态博弈（dynamic game）。静态博弈是指所有参与人同时选择行动且只选择一次；动态博弈是指参与人的行动有先后顺序且后行动者能够观察到先行动者所选择的行动。从参与人掌握信息的程度上分，非合作博弈可以分为完全信息博弈（complete information）和不完全信息博弈（incomplete information）。完全信息博弈指的是每一个参与人对所有其他参与者的特征、战略空间及支付函数有准确的知识；反之，则是不完全信息博弈。

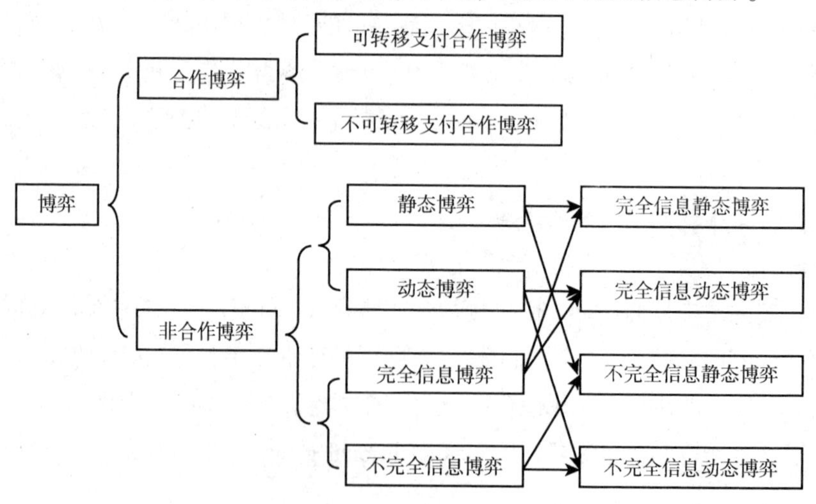

图 2.2　博弈的分类

综上分析，非合作博弈可以分为四种博弈类型，见表2.1。这四类博弈及相应的均衡概念，反映了20世纪50年代以来非合作博弈研究的主要成果。

表2.1　非合作博弈的分类及对应的均衡概念、主要贡献者

行动顺序／信息	静　态（博弈均衡、主要贡献者）	动　态（博弈均衡、主要贡献者）
完全信息：所有参与者的特征、战略空间及支付函数是共同知识	完全信息静态博弈（纳什均衡；John F. Nash）	完全信息动态博弈（子博弈完美纳什均衡；Reinhard Selten）
不完全信息：所有参与者的特征、战略空间及支付函数是非共同知识	不完全信息静态博弈（贝叶斯纳什均衡；John C. Harsanyi）	不完全信息动态博弈（完美贝叶斯纳什均衡；Reinhard Selten，D. Kreps and R. Wilson，D. Fudenberg and J. Tirole）

2.2.2　博弈论的基本要素

博弈的基本要素包括参与人、行动、信息、战略、支付、均衡、结果，而参与者、战略和支付则构成博弈三要素①。

（1）参与人（player），指一个博弈中的决策主体（可以是自然人，也可以是某个组织或团体，如国家、企业），他的目的是通过选择行动（或战略）以最大化自己的支付水平。

（2）行动（action），是参与人在博弈的某个时点的决策变量。一般用 a_i 表示第 i 个参与人的一个特定行动，$A_i = \{a_i\}$ 表示 i 所有可选行动的集合（action set）。

（3）信息（information），是参与人有关博弈的知识，特别是有关

① Nash. Equilibrium Points in N－person Games［J］. Proceedongs of the National Academy of Sciences，1950（36）：48－49.

“自然”的选择、其他参与人的特征和行动的知识。与信息有关的一个重要概念是“共同知识”，它是指“所有参与者知道的知识”。

（4）战略（strategy），是参与人在给定信息集的情况下的行动规则，它规定参与者在什么时候选择什么行动。信息集包含了一个参与者有关其他参与者之前行动的知识，战略告诉参与者如何对其他参与者的行动作出反应，因而战略是参与者的“相机行动方案”。

（5）支付（payoff），是在一个特定的战略组合下参与者得到确定效用水平或期望效用水平，是参与者真正关心的东西，其基本特征是一个参与人的支付不仅取决于自己的战略选择，而且取决于所有其他参与人的战略选择。

（6）结果（outcome），是博弈分析者感兴趣的一些要素的集合，如均衡战略组合、均衡行动组合、均衡支付组合等。

（7）均衡（equilibrium），是所有博弈参与人的最优战略组合，一般记为 $s^* = (s_1^*, \cdots, s_i^*, \cdots, s_n^*)$。博弈均衡概念与一般均衡理论中讨论的均衡概念是不同的，一般均衡理论里的均衡是由个人最优化行为导致的“一组价格”，而博弈中的“一组价格”只是均衡结果而不是均衡本身。一个博弈可能有多个均衡存在，缺乏唯一性是博弈的主要问题。

2.2.3 博弈的表述形式

现代博弈理论根据博弈类型的不同给出了博弈模型的三种基本表述形式：标准式表述（normal form representation）、扩展式表述（extensive form representation）和特征函数式表述（characteristic function form representation）。前两者主要用于非合作博弈，后者主要用于合作博弈。

（1）标准式表述。标准式表述又称为战略式表述（strategic form）或矩阵式表述（matrix form）。标准式表述将战略局势抽象为三个基本要素：一是博弈的参与人集合 $i \in \Gamma, \Gamma = (1,2,\cdots,n)$；二是每个参与者的战略集 $S_i, \forall i \in N$；三是每个参与者的支付函数集 $u_i, \forall i \in N$。

因此，一个标准式表述的博弈可以表示为 $G = \{S_1,\cdots,S_n;u_1,\cdots,u_n\}$。标准式表述主要用来表示静态博弈。

（2）扩展式表述。扩展式表述在标准式表述的基础上，扩展了描述博弈局势的要素，如参与人的行动顺序及外生事件的概率分布等，可以描述更复杂的博弈局势，极大地扩大了博弈理论所能描述的范围，一般用来表述动态博弈。扩展式表述一般包含六个要素：一是博弈的参与人集合：$i \in \Gamma, \Gamma = (1,2,\cdots,n)$；二是参与人的行动顺序（the order of moves）：即参与人在什么时候行动；三是参与人的行动空间（action set）：在每次行动时，参与人有些什么行动可供选择；四是参与人的信息集（information set）：每次行动时，参与人知道些什么；五是参与人的支付函数：在行动结束时，每个参与人得到什么；六是外生事件（即自然的选择）的概率分布。

（3）特征函数型表述。特征函数型表述主要用来表述联盟博弈或合作博弈。令参与人集合为 N，则称 N 的任意子集 S 为联盟（coalition），所有联盟的全体记为 $\phi(N)$。可转移支付联盟博弈包括两个要素：一是有限的参与人集 $N = \{1,2,\cdots,n\}$；二是将 N 的每个非空子集 S（即一联盟）与某个实数 v（S）相联系的一个特征函数 v。

因此，可转移支付联盟博弈可记为（N，v）。其中，特征函数 v 是定义在 $\Psi(N)$ 上的一个实函数；v（S）表示联盟 S 通过协调其成员的策略所能得到的最大收益。

不可转移支付联盟博弈包括四个要素：一是有限的参与人集 $N = \{1,2,\cdots,n\}$；二是结果集 X；三是将 N 的每个非空子集 S（即一联盟）赋一个集合 $V(S) \subseteq X$ 的特征函数 V；四是对每个参与人 $i \in N$ 有一个 X 上的支付函数 $R_i(X), \forall i \in N$。

因此，不可转移支付联盟博弈可记为 $(N,V,X,\{R_i(X)\})$。

博弈的三种表述形式之间的差别，主要在于描述信息的多寡。扩展式表述包括的信息最多，如果去掉参与人的行动顺序和信息结构等信息，可以简化成标准型表述。在标准式表述的基础上，如果引入有约束力的义务且可强制执行的假设，省略掉战略集，则可进一步简化为特征函数式表述。三种表述形式的可转化性，表明非合作博弈与合作博弈之间是可转化的。

2.2.4 作为博弈规则的制度

North（1990）认为，制度是社会的博弈规则，是影响利益主体在经济活动中权利和义务的集合，或更严格地说，是人类设计的、制约人们相互行为的约束条件，它定义和限制了个人的决策集合①。这些约束条件包括正式约束和非正式约束。正式约束包括政治规则、经济规则、法律规则和契约；非正式约束指正式约束以外的约束，如道德标准、社会价值观念、文化和宗教等社会意识形态。博弈规则和博弈参与人之间具有相互促进和强化的关系：一方面，参与人在一定的博弈规则下进行博弈，博弈规则限定了参与人的决策集合；另一方面，参与人之间的博弈均衡进一步强化或瓦解现有的博弈规则。从博弈论的角度理解当前跨行政区流域水污染治理的制度安排，说明制度并不是一成不变的，它们会发生变化，因为博弈的均衡会因为博弈结构的改变而改变，这意味着要改变博弈均衡或博弈结构，就要改变现有的制度安排。

在博弈的视角下讨论制度，就不得不去思考制度作为博弈的均衡是如何演化和变迁？在存在多重均衡的情况下，为什么某一均衡而不是其他均衡出现？该如何诱导我们期望的均衡产生？很多学者从历史、文化和认知等领域研究制度的多样性和制度的演变，青木昌彦

---

① Douglass C. North. Institutions, institutional Change and Economic Performance (Political Economy of Institutions and Decisions) [M]. Cambridge University Press, 1990: 3-4.

(2001)则从主观博弈的思路研究了制度的形成和演变[①]。他认为博弈参与人对于博弈结构只拥有不完备信息，当不同的参与人基于主观博弈模型选择自己所认为的最优决策时，他们决策的正确与否将被未来的博弈结果证实，参与人的个人认知将被事实强化，并为未来的决策提供依据。从长期来看，当不同的参与人形成相似的认知时，制度就逐渐产生了。因此，青木昌彦认为，制度的本质是参与人关于博弈进行方式的共有信念。如果基于参与人个人信念所采取的决策没有产生预期的结果，并且这种结果大量出现，就会产生普遍的认知危机，参与人就会寻找新的博弈策略，并产生新的信念，直到新的均衡路径产生。这个过程就是旧信念瓦解和新信念建立的过程，同时也是制度变迁的过程。

将制度作为博弈均衡的结果，意味着在后续类似的情况下，所有参与人无法忽视既往的博弈结果，也无法忽视既往的最佳策略，从而对参与人的后续策略选择产生影响（从经济学的角度，这也是一种路径依赖，“今天是昨天的延续，未来是今天的未来”讲的也是这个道理）。参与人基于这种共有信念作出的决策，进一步决定了均衡的再次出现，这在认知上又再次强化了参与人的共有信念，除非发生了能够动摇这种共有信念的重大变化。正是这种建立在共同认知基础上的博弈均衡的特征，决定了制度的内生性和客观性：制度既是参与人的策略互动形成的均衡结果，也是对参与人的外在约束。基于这一点就可以理解，制度在表现形式上，可能是明确的、条文化的形式，如法律、协议；也可能是非明确的、约定俗成的规则和习俗，甚至是潜规则。更进一步地说，成文的法律和规则（即条文规则）也未必能够成为真正的制度。例如，环境法律规定，企业不得违法排污，但如果企业都违法排污，而且政府也知道企业会违法排污，并对企业的违法行为进行保护，那么禁止违法排污就不能成为制度，违法排污反而成为制度了。这时禁止违法排污只是

---

① 青木昌彦．比较制度分析［M］．周黎安译．上海：上海远东出版社，2006：10.

条文规则，而违法排污成为事实规则，事实规则比条文规则更有效。因此，对于没有成文的实践，只要参与人认可，就可视为制度；而当参与人对其可信性产生怀疑而使共有信念发生改变时，它们就不再作为制度而存在。

为此，青木昌彦（2001）认为，制度是关于博弈如何进行的共有信念的一个自我维系的系统①。制度的本质是对博弈均衡路径的显著和固定特征的一种浓缩性表征，该表征被相关域几乎所有参与人所感知，认为是与他们策略决策相关的。这样，制度就以一种自我实施的方式制约着参与人的策略互动，并反过来被他们在连续变化的环境中的实际决策不断地再生产出来。青木昌彦给出了制度的规范性表述：

$N = \{1,2,\cdots,n\}$，表示所有参与人的集合；

$Ai = \{a_i\}$，表示参与人 $i(i \in N)$ 行动的技术可行集；

$A = X_iA_i = \{a\} = (a_1,\cdots,a_i,\cdots,a_n)$，表示行动组合的技术可行集；

$\Omega = \{\omega\}$，表示物质上可行的，可观察的后果集合；

$\phi:A \rightarrow \Omega$，表示赋予每一个属于 A 的 a 以属于 Ω 的 $\omega = \phi(a)$ 的后果函数。

上述中，参与人的集合、参与人行动的技术可行集合和后果函数称为博弈形式，博弈形式定义了博弈的外生规则。

假定博弈参与人在每一阶段根据私人的行动决策规则 $s_i:\Omega \rightarrow A_i(i \in A)$ 选择行动，使对于所有的 i，

$$a_i(t+1) = s_i(\omega(t))$$

即参与人能够根据前一阶段行动组合的可观察到的结果选择一项行动。

令 $\sigma_{-i}(\cdot):A \rightarrow A_{-i}$ 表示参与人对其他参与行动决策规则的预期，假定所有参与人关于其他人的策略与他们实际的策略一致，且对于所有的 t 和 i，每个参与人的行动策略都是对其预期的最优反映，使得存在一个

① 青木昌彦．比较制度分析［J］．周黎安译．上海：上海远东出版社，2006：10.

$s^p \in s_i$ ，对于所有的 $a(t) \in \Omega$ ，以及所有的 $t \geqslant 0$ 和 i ，

$$\sigma_{-i}(\tau : a(t)) = s^p_{-i}(\tau : a(t)) \tag{2.3}$$

$$s_i^p(\cdot) \in \underset{s_i(\cdot)}{\operatorname{argmax}} \sum_{\tau > t} \delta^{\tau - t} u_i(s_i(\tau : a(t)), \sigma_{-i}(\tau : a(t))) \tag{2.4}$$

其中，δ 表示贴现因子；τ 是时间概念，表示长度为 τ 的历史。这时，决策规则组合 s^p 称为子博弈精练均衡。

假定在某一恒常环境下存在均衡策略组合：

$$s^* = (s_1^*, s_2^* \cdots s_i^* \cdots s_n^*) \in S = X_i S_i \tag{2.5}$$

其中，s_i 表示参与人 $i(i \in N)$ 的行动决策集合。对于每一个 $i \in N$ ，假定都存在一个函数 $\sum_i^*(\cdot)$ ，从 A 映射到最小维度的空间，使得对于所有的 $s \in X_i S_i$ ，只要 $\sum_i^*(s) = \sum_i^*(s^*)$ ，就有：

$$s_i^*(\phi(s)) = s_i^*(\phi(s^*)) \tag{2.6}$$

函数 $\sum_i^*(\cdot)$ 定义了一个策略组合集的分割：即存在一个包含 s_{-i}^* 在内的子集 $s_{-i}(s^*)$ ，如果 $s_{-i} \in s_{-i}(s^*)$ ，则 $s_i = s_i^*$ 。这意味着 $\sum_i^*(s^*)$ 充分概括了参与人 i 在作相应决策 s_i^* 时所需要的关于均衡组合 s^* 的信息。我们把 $s_{-i}(s^*)$ 称为参与人 i 的信息集，把 $\sum_i^*(s^*)$ 称为它的概要表征，也就构成了制度①。在跨行政区流域水污染府际博弈中，明文规定的、能自我实施的法律、法规、政策和其他非正式规则，以及由此形成的实际运转中政府间责权利关系成为府际博弈的制度，它们定义了作为博弈参与人政府的行动空间和相应的支付。

---

① 戚巍．关于规则的博弈——我国城市治理特征与机制研究［D］．中国科学技术大学博士论文，2008.

2.3 府际关系理论

2.3.1 府际博弈与府际关系

府际关系（intergovernmental relations）一词起源于20世纪30年代的经济大危机期间，当时美国政府为了应对经济危机，使“联邦政府与州政府之间放弃了过去分权、独立的态度，开始采取积极主动、密切合作的态度，共同建立一种全新的公共服务供给与输送系统，以推动新政顺利进行，扭转国家命运”①。这种在政府之间产生的新型互动行为称为府际关系。关于府际关系的内涵，Shafritz 和 Russel 认为“府际关系本质上是指不同层级政府为共同地区提供服务和管理而具有的交互关系的政策与机制”②。台湾学者陈德禹认为，“从中央到地方，形成若干级政府，各级政府彼此间的互动及关系，就是府际关系”③。大陆学者任勇认为，府际关系是各级政府间为了执行公共政策，而围绕提供不同级别的管理和服务所形成的互动的复杂关系④。谢庆奎认为府际关系是指“政府之间的关系，它包括中央政府和地方政府、地方政府之间、政府部门之间的各种关系，而利益关系又是其主要关系”⑤。王绍光和胡鞍钢在《中国国家能力报告》一书中写道：“改革开放以来，地方政府的独立性和自主权迅速扩大，已经成为具有独立经济社会利益和独立发展目标的利益主体。它导致中央与地方关系由过去以行政组织为主要基础的行政服从

---

① Wright, Deil S. Understanding Intergovernmental Relations [J]. Belmont Wadsworth Inc. 1988 (3): 35-48.

② ［美］尼古拉斯·亨利．公共行政学［M］．项龙译．北京：华夏出版社，2002：46.

③ 陈国权，李院林．县域社会经济发展与府际关系的调整——以金华—义乌府际关系为个案研究［J］．中国行政管理，2007（2）：99-103.

④ 任勇．地方政府竞争：中国府际关系中的新趋势［J］．人文杂志，2005（3）：50-56.

⑤ 谢庆奎．中国政府的府际关系研究［J］．北京大学学报，2000（1）：26.

关系转向以相对经济实体为基础的博弈关系”[1]。张可云在《区域大战与区域经济关系》一书中也运用博弈论来分析政府间关系，尤其是区域内的地方政府间关系[2]。

府际博弈从字面上看，府即政府；际，在地理学意义上指交界或靠边的地方，如秋冬之际、天际；在社会学意义上，际是指彼此间的关系，如人际关系、国际关系。府际博弈就是说政府间的博弈关系。“上有政策、下有对策”是人们对中央与地方政府间博弈关系的形象描述，地方政府间的竞争与合作则是地方政府间博弈关系的另一表现形式。在本书中，府际博弈指中央政府和地方政府间，以及地方政府和地方政府间在一定的规则约束下，依靠所掌握的信息，如何进行决策及决策的均衡问题。府际博弈的结构比较复杂，且处于不断的变化之中，上下级政府间，以及横向政府间的复杂关系，形成“十字形”的条块模式。在这种模式中，政府间权力与利益的博弈呈现出“十字博弈”的交叉态势，并呈现出一个个的博弈单元[3]。以“中央政府、省级政府、市级政府”这三级政府为例，它们之间形成一个“十字形”的博弈单元——从纵向看，省级政府不仅要和中央政府博弈，还要和市级政府博弈；从横向来看，省级政府还要与其他省级政府博弈。在这一博弈单元中，处于“十字中心点”的是省级政府，而不是中央政府。依此类推，如以“市级政府、县级政府、乡镇政府”为例，则会形成一个以县级政府为中心点的十字形博弈单元。综合各个博弈单元，在府际博弈中，只有中央政府与乡镇政府不是博弈单元的中心点。因此，在现实的府际博弈中，处于中心位置的不是中央政府，而是处于“十字形节点”的省、市、县地方政府。

将府际关系的研究视角聚焦在跨行政区流域水污染这类公共性问题上的可行性和科学性正如府际关系研究学者严强（2008）在《公共

---

① 王绍光，胡鞍钢．中国国家能力报告［M］．辽宁：辽宁人民出版社，1993：76.

② 张可云．区域大战与区域经济关系［M］．北京：民主与建设出版社，2001：52.

③ 刘祖云．政府间关系：合作博弈与府际治理［J］．学海，2007（1）：79－87.

行政的府际关系研究》中所说："在社会转型和经济体制转轨时期对府际关系的研究，除了要继续关注中央和省两级政府间行政外，应当更多地将研究的焦点聚集在对跨域公共事务管理中地方政府间的过度竞争及其行为扭曲的考察上"①。严强的观点为本书提供了启发，也与本书的研究对象不谋而合。跨行政区流域水污染在表象上是因为粗放的经济发展方式和产业结构不合理，但实质上更深层的原因是政府的行政不作为和地方保护造成的，而这又源于府际关系中的一种特殊形式——府际博弈。在本书中，府际博弈指中央政府和地方政府间，以及地方政府和地方政府间在一定的规则约束下，依靠所掌握的信息，如何进行决策及决策的均衡问题。跨行政区流域水污染府际博弈的研究不仅要分析博弈的原因，更要在制度上完善博弈规则，使参与人的行为朝着优化的方向发展。

2.3.2 府际博弈的表现形式

转型期中央政府和地方政府，以及地方政府之间的权责利关系的不明确及不稳定，使得府际博弈在所难免，其主要表现形式为：

（1）政策博弈：中央政府和地方政府博弈的基本方式，包含政策制定博弈和政策执行博弈两个层面。中央政府和地方政府的博弈是一个不断发展变化的过程。1994 年开始的分税制改革，划分了国税和地税，使中央和地方政府在税源、税基、税种和税率上逐渐清晰。分税制改革后，中央的财政汲取能力大幅提高，然而在中央强化了财政汲取能力的同时，地方财政受到很大损失。为了弥补这些损失，在经济利益的刺激下，地方政府只能靠进一步发展地方经济来获得利益。在目前，这种利益的获得是以牺牲环境为代价的。

在对待环境问题上，地方政府和中央政府的行为存在明显差异。自

① 严强．公共行政的府际关系研究［J］．江海学刊，2008（5）：93－99.

1973年以来，中央政府已经制定了一系列关于环保的政策法规，并将保护环境上升到了作为基本国策的战略高度。因为站在中央政府的角度来看，地区之间环境质量改善或污染的外部性是不存在的，任何地区环境质量的恶化都意味着国家整体环境质量的下降①。相对而言，地方政府对环境保护的态度更为复杂：一方面要发展经济，另一方面要保护环境，在两难选择中往往采取了牺牲环境的做法。即使在中央加强宏观调控的情况下，地方政府也会采取"讨价还价"的策略，凭借信息优势，以"上有政策、下有对策"的方式，尽可能增加自身的利益空间。根据周国雄的研究，政策博弈主要有政策附加、政策替代、政策残缺、政策敷衍、政策截留、政策抵制、政策合谋和政策寻租等八种形式②。

分权化改革使地方政府获得了前所未有的发展地方经济谋取地方利益的权力和能力，也使地方政府拥有了自己独立的经济利益，并且这种利益与本地区经济增长的相关度大大提高。张维迎③、孙宁华④、王国生⑤介绍了马骏⑥在1995年建立的一个解释改革开放以来（1978～1992年）中央政府和地方政府财政关系的博弈模型。在孙宁华构建的中央政府和地方政府的财税上缴博弈模型中，设：①有一个中央政府和一个地方政府两个参与人，即博弈参与人i的集合$N=$（中央政府,地方政府）；②参与人中央政府的行动是选择地方政府上缴的比例x，地方政府的行动是选择征收的收入y。则中央政府的预算收入为：

---

① 邓志强，罗新星．环境管理中地方政府和中央政府的博弈分析［J］．管理现代化，2007（5）：19－21.

② 周国雄．博弈：公共政策执行力与利益主体［M］．上海：华东师范大学出版社2008：51－56.

③ 张维迎．博弈论与信息经济学［M］．上海三联书店，2004：112.

④ 孙宁华．经济转型时期中央政府与地方政府的经济博弈［J］．管理世界，2001（3）：35－43.

⑤ 王国生．过渡时期地方政府与中央政府的纵向博弈及其经济效应［J］．南京大学学报（哲学人文科学社会科学），2001（1）：110－117.

⑥ Ma Jun. Modeling Central-local Fiscal Relations in China［J］. China Economic Review，1995（6）：105－106.

$$R = xy \tag{2.7}$$

地方政府的预算收入为：

$$L = (1 - x)y \tag{2.8}$$

假定中央政府的目标是收入最大化，即：

$$\max U_C = R = xy \tag{2.9}$$

假定地方政府目标是预算收入减去征税成本后的净收入最大化，即：

$$\max U_L = (1 - x)y - ay^2 \tag{2.10}$$

其中，ay^2 代表征税成本，假定征税成本随征收到的总税额的增加而上升。考虑两种不同的斯坦克尔伯格博弈：第一种情况是中央政府先行博弈；第二种情况是地方政府先行博弈。第一种情况对应于中央政府能够信守事先签订的税收分享合同的情况，第二种情况对应于中央政府不能信守合同的情况。

在中央政府先行博弈中，在博弈的第一阶段，中央政府选择 x ；在博弈的第二阶段，地方政府根据签订的 x ，选择 y 。求解第二阶段的纳什均衡，地方政府的问题是：

$$\max U_L = (1 - x)y - ay^2 \tag{2.11}$$

解最优化得地方政府的反应函数：

$$y^c = \frac{1 - x}{2a} \tag{2.12}$$

其中，上标 c 表示中央信守合同。上述反应函数表明，地方政府征税的积极性是上缴比例 x 和征税成本系数 a 的递减函数：上缴比例越高，征税越困难，地方政府征税的积极性越低。

因为中央政府知道地方政府的反应函数，因此中央政府的第一阶段问题是：

$$\max R = xy = \frac{x(1-x)}{2a} \tag{2.13}$$

解最优化得：

$$x = \frac{1}{2} \tag{2.14}$$

代入地方政府反应函数得：

$$y^c = \frac{1}{4a} \tag{2.15}$$

以上我们假设中央政府能够信守合同，如果中央政府不能信守合同，则行动的先后顺序将会改变。考虑地方政府先行博弈，首先，中央政府在第二阶段的问题是：

$$\max R = xy \tag{2.16}$$

解最优化得中央政府的反应函数为：

$$x = -ydx/dy \tag{2.17}$$

因为地方政府知道中央政府的反应函数，在博弈的第一阶段，地方政府的问题是最大化：

$$\max U_L = (1-x)y - ay^2 \tag{2.18}$$

解最优化得地方政府的反应函数为：

$$1 - x - x'y - 2ay = 0 \tag{2.19}$$

综合中央政府的反应函数和地方政府的反应函数，解微分方程得：

$$x = 1 - ay + \frac{C}{y}(C\text{为常数}) \tag{2.20}$$

当 $x = \frac{1}{2}$ 时，

$$y^{nc} = 1 - \frac{1 + (16aC)^{\frac{1}{2}}}{4a} \tag{2.21}$$

其中，上标 nc 表示中央政府不信守事先约定的合同。

比较 $y^C = \frac{1}{4a}$ 和 $y^{nc} = 1 - \frac{1 + (16aC)^{\frac{1}{2}}}{4a}$ 可知，$y^c > y^{nc}$ 。这说明当中央不信守合同时，地方政府征收的税收总额将降低，即地方政府可以采取少征收税收应对中央政府不信守合同的行为。上述模型表明，在中央政府和地方政府的财税博弈中，如果中央政府能够信守合同，这将激发地方政府增加税收的积极性，使中央政府财政收入在全国财政总收入中的比重下降。理性的中央政府当然不会满足于这种情况，从而选择不信守合同，而理性的地方政府在预见到中央政府不会信守合同时，将减少征税的努力。从这也可以理解为什么地方政府热衷于房地产投资等行为，因为在分税制改革后，房地产中的大部分税收属于地方税，房地产市场的繁荣有利于地方财政收入的增加。

地区经济的繁荣不仅为地方政府扩大财政权力、提高经济或非经济收益，以及政治升迁等提供了机会，也为地方政府实现其劳动就业、社会福利和改善公共环境等社会目标创造了有利条件。由于提供治理污染这样的公共产品具有很强的外部性，使得具有独立利益偏好的地方政府在提供公共物品时产生“搭便车”的行为，而分权和地方经济的增长，以及由此带来的地方财政实力的增强，提高了地方政府的博弈能力，使得地方政府在与中央政府的博弈中越来越占据优势，导致中央制定的一些政策措施难以落实到位。

（2）政治经济双重竞争博弈：行政区经济时代地方政府间关系的基本态势。政府间竞争理论在西方区域公共管理研究中具有非常典型的方法论意义，也是逻辑体系较为成熟的一个理论。F. Hayek 认为，“地方政府之间的竞争或一个迁徙自由的地区的竞争，在很大程度上能够提供对各种替代方法进行试验的机会”[①]。地方政府间的竞争集中表现为两大类：一是经济资源的竞争；二是政治机会的竞争。对经济资源的竞争表现在招商引资、引进国家项目、争取财政转移支付，以及其他各方面的政策优惠和资金支持等，其目的是发展地方经济并使地方政府从中获益。政治机会的竞争则是政府官员，特别是政府主要领导政治升迁的竞争。中国特定的考评体制决定了地方政府官员通常通过经济竞争和上级评价来获取政治晋升[②③]。在既定的博弈规则下，追求地方经济增长成为地方政府官员谋求晋升的重要手段，而不是目的。

政治经济双重博弈对跨行政区流域水污染治理合作失败具有很好的解释力。相同和不同行政区的同一级别的地方官员，都处于政治晋升博弈中，他们不仅要在经济上为 GDP 而竞争，同时也要为升迁而竞争[④]。二者既相互区别，又互相联系：经济资源的竞争是明确的，而政治机会的竞争是含蓄的；有了经济资源就可以提高经济绩效，从而获得政治机会。与经济竞争不同的是，在政治晋升博弈中，只有少数官员可以获得提升。因此，排名靠前者才能获得晋升。所以，在政治竞争中，参与人只关心自己与竞争者的相对位次。只有当合作不改变参与人的相对位次或可以提高其相对位次时，合作才可能实现。因为绩效考核是官员政治升迁的重要依据，而在绩效考核中，GDP 成为最为重要的指标，这一具有导向性的指标使得地方政府对经济资源和政治机会的竞争合为一体，这种动力机制直接导致地方政府对环境监管的不力，见图 2. 3[⑤]。因为地

---

① F. Hayek. Individualism and Economic Order [M]. Chicago: University of Chicago Press, 1980: 125.

② 周黎安. 晋升博弈中政府官员的激励与合作——兼论我国地方保护主义和重复建设问题的长期存在的原因 [J]. 经济研究, 2004 (6): 33 -40.

③ Lazear, E., s. Rosen. Rank - Ordered Tournaments as Optimal Contracts [J]. Journal of Political Economy, 1981 (89): 841 -864.

④ 李广斌, 谷人旭. 政府竞争：行政区经济运行中的地方政府行为分析 [J]. 城市问题, 2005 (6): 70 -75.

⑤ 张凌云, 齐晔. 地方环境监管困境解释——政治激励与财政约束假说 [J]. 中国行政管理, 2010 (3): 93 -97.

方经济发展靠的是企业，因此地方政府有很强的意愿支持和保护，而不是监管产值大、利税高的污染企业。

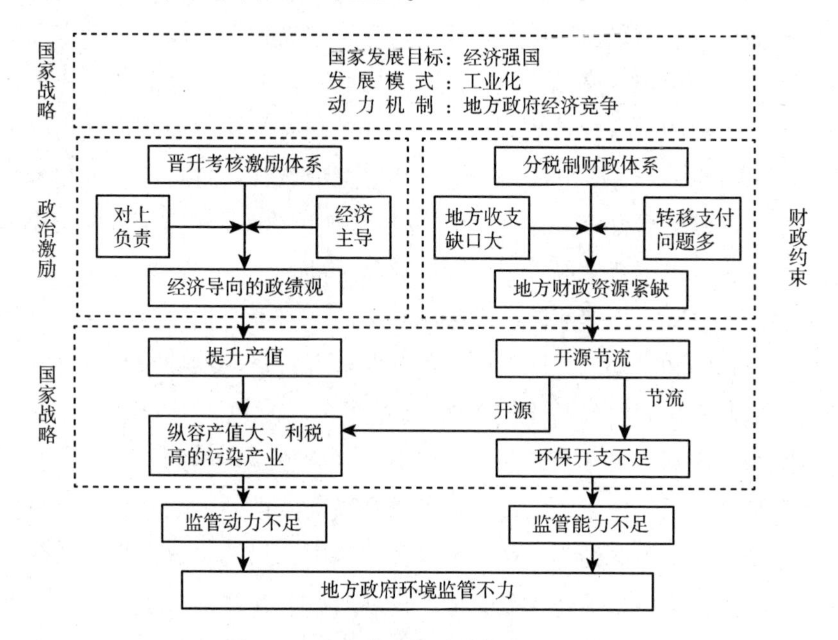

图 2.3　政治激励和财政约束下的地方政府环境监管困境分析

图 2.3 清晰地描述出了在经济竞争下，受晋升考核压力和分税制财政压力的地方政府环境监管的困境。作为中央政府和地方非政府主体的双向代理人，地方政府为完成代理任务就难以避免地采取扩大地方分权、争取更多的中央政策支持和财政转移支付、地方保护主义，以及欺上瞒下、变通执行等博弈策略，使自身处于更有利的地位。

（3）竞合博弈：经济区时代地方政府间竞争的发展趋势。行政区经济在区域经济发展表现出的低水平重复建设、“小而全”“大而全”，以及地区产业结构趋同化等不良现象越来越为人们所认识。在经历了恶性竞争后的两败俱伤后，地方政府开始反思，尤其是随着经济一体化和区域经济合作的加强，地区间有更多的共同利益诉求，为地方政府间的竞合博弈提供了基础。2009 年 1 月 8 日，国家发展改革委发布了《珠江三角洲地区改革发展规划纲要（2008～2020 年）》。随后，国务院先后批复了《关于支持福建省加快建设海峡西岸经济区的若干意见》《关中—天水经济区发展规划》《江苏沿海地区发展规划》《横琴总体发展规划》《辽宁沿海经济带发展规划》《促进中部地区崛起规划》和《中国图们江区域合作开发规划纲要》等 7 个规划。2009 年批复的区域经济规划数量是过去 4 年的总和，出台速度前所未有。因此，可以说从行政区经济向经济区经济转变是未来区域经济发展的趋势，长三角、珠三角、环渤海等经济区的形成和示范作用正在带动中国经济的快速发展。演化博弈的分析表明，一定区域内地方政府之间的博弈不是一次性的或偶发的，而是一个不断进行的多次的重复博弈行为。根据重复博弈的声誉理论，每一个地方政府都会考虑不合作带来的后果，从而逐渐实现双赢。近年来，多中心治理理论、区域发展相互依赖理论、政府间伙伴关系理论、区域经济理论等为地方政府间走向竞合博弈提供了理论基础。

2.4　流域公共产品理论

按照亚当·斯密的理论，利用市场这只“无形的手”可以实现社会利益的最大化。“确实，他通常既不打算促进公共的利益，依然不知道他自己是在什么程度上促进那种利益。他只是盘算他自己的安全；由于他管理产业的方式目的在于使其生产物的价值能达到最大程度，他所盘算的也只是他自己的利益。在这场合，像在其他许多场合一样，他受着一只看不见的手的指导，去尽力达到一个并非他本意想要达到的目的。也并不因为是非出于本意，就对社会有害。他追求自己的利益，往往使他能比在真正出于本意的情况下更有效的促进社会利益。”[①] 亚当·斯密的理论，私人产品的市场供给应减少政府干预。然而，这一理论并不完全适用于环境保护或污染治理类公共物品治理。

根据公共经济学理论，社会产品可以分为公共产品和私人产品。美国学者 J. L. Sacks 教授在《环境保护——市民的法律战略》中将环境定义为公共产品，并提出“人们不必将清洁的大气和水这类共有的财产资源仍然视为企业的垃圾场，或者任由渴求利润的人们尽情消费的免费美味，而必须将其视为全体市民共有的利益。这些利益与所有的私人利益一样，同样具有受到法律保护的资格，并且其所有者具有强制执行的权利”[②]。萨缪尔森在《公共支出的纯理论》中认为“纯粹的公共产品或劳务是指每个人消费这种物品或劳务不会导致别人对该种产品或劳务的减少”[③]。纯公共产品满足效用的不可分割性、消费的非竞争性和受益的非排他性，而可以由个别消费者占有或享用，具有竞争性、排他性和可分割性的产品是私人产品。

介于纯公共产品和私人产品之间的产品称为准公共产品或俱乐部产品。边际拥挤成本是否为零是区分纯公共产品和准公共产品的重要标准。边际拥挤成本为零是指任何人对公共产品的消费不会影响其他人同时享用该公共产品的数量和质量。萨缪尔森将纯粹的私人产品和纯粹的公共产品的区别用数学公式加以严格表述：

对私人产品来说：

$$X = \sum_{i=1}^{n} X_i \tag{2.22}$$

---

① ［英］亚当·斯密．国民财富的性质和原因的研究（下卷）［M］．郭大力，王亚南译．商务印书馆，2007：27.

② 转引自［日］宫本宪一．环境经济学［M］．上海：生活．读书．新知三联书店，2004：47.

③ Samuelsn，Paul A. The Pure Theory of Public Expenditure［J］. Review of Economics and Statistics，1954（36）：87－389.

即某一商品的总量（X）等于每一个消费者所拥有或消费的该商品数量（X_i）的总和，这意味着私人产品是能在消费者之间进行分割的。

对公共产品来说：

$$X = X_i \tag{2.23}$$

即对于任何一个消费者来说，他为了消费而实际可支配的公共产品的数量（X_i）就是该公共产品的总量，这意味着公共产品在消费者之间是不能分割的。

在西方经济学理论中，公共产品供给的市场失灵是政府干预的重要原因。政府可以根据社会福利最大化的原则确定税收，然后利用税收提供公共产品。理论上，这是最为有效的公共产品供给方式。然而，由于公共产品不像私人产品那样可以通过价格显示个人的真实偏好，而存在"搭便车"问题。用博弈论的话说，就是如何解决激励相容和参与约束。博弈论为公共产品研究提供了一种科学的方法，而公共产品理论则拓展了博弈论的研究范畴——泰勒、沃德格罗夫斯和张维迎等讨论的公共产品供给模型，以及斗鸡博弈和智猪博弈等为本书研究提供了前驱性的参考，因为跨行政区流域水污染治理问题本身即属于公共产品领域范畴。

2.4.1　流域水资源的准公共性

流域水资源和流域水污染治理具有准公共产品属性。流域资源具有使用的竞争性和非排他性，是一种典型的准公共产品，这种准公共产品面临的最大问题是过度的利用和开发。英国学者加勒特·哈丁（Garrett Hardin）1968年在《科学》杂志上发表了著名的《公用地的悲剧》（*The Tragedy of the Commons*）一文，悲观地描述了追求个人利益最大化的理性个体是如何导致公共利益受损恶果的——追逐自我利益的理性人可能导致集体非理性结果的产生。"公地悲剧"如今已成为经济学在阐述外部不经济时常使用的经典案例，也是人们在描述环境问题时的代名词，追求个人利益最大化的理性个体并没有实现整个社会利益最优的结果，而且除非一个集团中的人数很少，或者除非存在强制或其他某些特殊手段以使个人按照他们的共同利益行事，有理性的、寻求自我利益的个人不会采取行动以实现他们共同的或集团的利益。

这正如哈丁自己所言："这是灾难的根本所在，每个人都被困在一个迫使他在有限的范围内无节制地增加牲畜的制度中，草地的毁坏是所有人奔向的目的地。"在这一点上，大卫·休谟（David Hume）在《人性论》一书中表现出相似的见解，休谟指出：两个邻人可以同意排去他们所共有的一片草地中的积水，因为他们容易互相了解对方的心思，而且每个人必然看到，他不执行自己任务的直接后果就是把整个计划抛弃了。但是，要使1000个人同意那样一种行为，乃是很困难的，而且的确是不可能的，他们对于那样一个复杂的计划难以同心一致，至于执行那个计划就更困难了，因为各人都在寻找借口，要想是自己省却麻烦和开支，而把全部负担加在他人身上。①

当流域水资源的消耗达到相当多的数量时，必须靠治理水污染的办法为水资源紧缺寻找出路。依据公共经济学的观点，这时治理污染边际成本会开始上升，并随着水污染规模的继续扩大其治理的边际成本迅速上升。由于治理成本的巨大，使得任何单一的地方政府、企业或个人都无法承担如此大的投入②，流域水资源的这种公共物品属性使得流域水污染治理具有相当大的复杂性。

2.4.2 流域的不可分割性

流域的流动和循环是一个整体，具有不可分割性。任何一条河流，都不能被切割为几段来进行划分，如果河流被切割或拦截则意味着它的自然系统被破坏。在流域水资源的循环过程中，流域的不可分割性还表

---

① ［英］大卫·休谟．人性论（下卷）［M］．关文运译．商务印书馆，1980：578－579.

② Klibanoff and Morduch. Decentralization, Externalities and Efficiency［J］. Review of Economic Studies, 1995, 62: 223－247.

现在它与水相关的其他生物不能离开河水，如果把流动的河水分割，可能导致流域内动植物面临危机或灭绝，见图2.4。

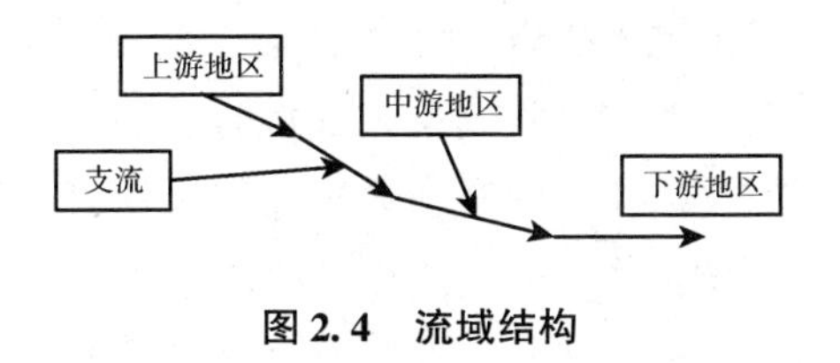

图2.4　流域结构

由此可见，在河流流经不同地区的过程中，流域自然的不可分割性的特征常常因为人类系统的强行介入而发生改变，这种变化可能影响或破坏流域的自然生态系统。从经济学的角度上，流域的不可分割性还表现在流域水资源所有权的不可分割性上。流域及水资源是一种流动的资源或物质，不存在固定物质存在形式。因此，人们无法将其分割成各个部分，然后将其所有权分配给不同的个人或集团①。但通常情况下，流域上下游的用水者并不能全面认识到他们和流域及水资源的整体一致性关系。上游的用水者在用水时可能并没有意识到自己的用水行为与下游用水者的利益是相关的。同样，下游的用水者可能也没有意识到自己的用水行为与上游的用水者是一种基于同一流域的不可分的利益整体而缺乏相互协商，以维护这一共同利益。流域的这一不可分割性，凸显了流域上下游地区按行政区治理的矛盾。

2.4.3　流域水污染的外部性

完全竞争型市场经济的一般均衡状态是帕累托最优状态，但此时的最优是不考虑经济活动的外部性的，即假定所有的生产者和消费者的经济活动都是通过市场上的销售与购买而相互联系。换句话说，就是参与

---

①　陆益龙．流动产权的界定——水资源保护的社会理论［M］．北京：中国人民大学出版社，2004：41.

人的行为都可以通过价格得以反映，在市场以外不存在成本和收益的关联性。但实际情况并非如此，在很多时候，环境污染者并没有承担污染行为的后果，即没有将这种影响计入到市场交易的成本与价格中①。当成本或消费对其他人产生附带的成本或效益时，外部性就发生了。就是说，成本或效益被驾驭其他人身上，然而施加这种影响的人却没有为此而付出代价。更为确切地说，外部性是一个经济人的行为对另一个人福利所产生的效果，而这种效果并没有从货币或市场交易中反映出来。

由于流域水资源具有使用的竞争性和非排他性的准公共资源属性，因此对这种准公共资源的使用就可不避免会产生外部性问题。换句话说，就是外部性是一个与公共物品相联系的概念，没有公共物品的供应或使用就无所谓外部性问题。流域水污染是伴随着流域水资源使用而产生的一种负外部性，它具有如下特征：

（1）流域水污染的外部性独立于市场机制之外。这是最重要的一个特征。流域水污染的外部性的影响不通过市场发挥作用，它不属于买者与卖者的关系范畴，市场机制无力对产生污染外部性的企业或区域给予惩罚，也无力给受损者予补偿或规制者予激励。

（2）流域水污染的外部性产生于决策范围之外而具有伴随性。企业或个人在决策时所考虑的首先是在生产或消费的私人成本基础上而不是在社会成本的基础上寻求私人的利益最大化。这就是说，污染并不必然因为把废物排放到环境中的总收益超过总成本而发生，而是因为这样处理废物时收益超过了他所负担的那部分成本，厂商的决策动机也不是为了排污而生产，它只是生产过程中的伴随物，而不是故意制造的效应。

（3）流域水污染的外部性具有某种强制性。在多种情况下，污染的外部性具有某种强制性，即不管你愿不愿意它都存在。如生产排放出的废水，它不会因为你的意愿而消失，这与它的生产或消费的伴随性是相

---

① Jeppesen and Anderson. Commitment and Fairness in Environmental Games. In Nick Hanley and Henk Folmer（eds）. Game Theory and the Environment［M］. Cheltenham，UK：E. Elgar，1998：253.

关的。

(4) 流域水污染的外部性不可能完全消除。有生产和消费就会有外部性存在，这不仅市场机制的作用无能为力，政府干预的作用也只能是限制污染，使之达到人们能够接受的某种标准，百分之百的消除是不可能的。

(5) 流域水污染的外部性是可转移的。水的自然流动性使上游地区排放的污水可以随着水流流向下游。这种可转移的外部性使上游得以在短期内"趋污染之利而避污染之害"，也使得跨行政区流域水污染的研究成为可能和必要。

2.5 本章小结

本章对跨行政区流域水污染府际博弈的基本概念进行了界定，分析了跨行政区流域水污染的性质和一般特征，以及府际博弈的表现形式。通过对基础理论的阐述，确立了本书的论点：在跨行政区流域水污染这类具有外部性的事务中，流域水污染治理主体难以达成集体一致的行动，追求私人利益的最大化导致集体福利的减损。

第3章　跨行政区流域水污染府际博弈的机理分析

对真理的追求，甚至于获得，往往首先来自于我们对谬误的反思，对历史及实践中失误的厘清有助于我们向真理迈进。在现有制度环境下，造成中国跨行政区流域水污染的原因并不仅在于治污技术上的缺陷，也不能完全责怪于企业的自私行为，也应思考为何具有监管职能的政府屡屡失职？是什么原因促使政府间进行“互不相让”的博弈？博弈参与人的内在工作方式，以及在一定环境条件下相互联系、相互作用的运行规则和原理是什么？本章即着重于这些问题进行分析。

3.1　府际博弈的基本假设

3.1.1　环境容量有限性假设

环境容量（environment capacity）即环境承载力，是衡量环境自净能力的指标，是自然环境可以通过大气、水流的扩散、氧化及微生物的分解作用，将污染物化为无害物的能力。环境容量是有限度的，超过这一限度将造成环境质量的下降，甚至丧失自我净化的功能，从而引起环境质量的恶化，这种恶化具有不可逆性，或者说可逆的成本很大以至于不可能。正因为环境容量是有限的，各环境利用主体才会围绕环境资源而相互竞争和博弈。当流域各地区的污染排放量不大时，环境具有足够的自我净化和容纳污染的能力，环境容量作为一种稀缺资源的价值没有显现出来；但当流域各地区的污染排放量增加时，各地区对环境资源的需求就将越来越大，环境容量作为一种经济资源的稀缺性就越来越明显，对于这种资源的竞争也就将越来越激烈。当前中国的经济处于快速发展阶段，产业结构水平相对较低，污染物排放量较大，加上各地区在经济发展方式上只注重 GDP 增长而不注意环境保护，甚至以牺牲环境为代价换取 GDP 的增长，导致环境容量供应不足，环境质量急剧恶化。

与环境容量对应的概念是环境损害，因为一旦污染物的排放量超过了环境容量即产生了污染问题。因此，假定只有某一地区的污染物实际排放量（包括本地区排放到河流中的污染物和上游转移过来的污染物）小于国家规定的地区排放指标，即认为该地区没有产生环境损害；如果全流域各地区排入到河流中的污染物之和小于国家规定的指标，即认为该流域没有产生环境损害。

赵来军（2009）指出，在无生态补偿的情况下，地区 i 的环境成本（ π_i ）由污染物削减成本（ AC_i ）和环境损害成本（ EC_i ）两部分组成①，即

$$\pi_i = AC_i(P_i) + EC_i(P_i^* - P_i + T_{i-1,i} - T_{i,i+1}) \tag{3.1}$$

在式（3.1）中，P_i 代表地区 i 的污染物削减量；P_i^* 代表地区 i 的污染物产生量；$T_{i-1,i}$ 代表地区 i 接受的上游地区转移过来的污染物；$T_{i,i+1}$ 代表地区 i 向下游地区转移的污染物。

环境容量的有限性产生环境损害，围绕着环境容量流域沿岸各地方政府争相争夺更多的排放指标（指标有限），以减少本地区的环境损害。

---

① 赵来军．我国湖泊流域跨行政区水环境协同管理研究——以太湖流域为例［M］．上海：复旦大学出版社，2009：50.

3.1.2 政治经济人假设

在很多时候，人们总是假设政府是超利益的公共存在，但布坎南对“仁慈政府”的假设产生了怀疑，认为政府是自利的，是追求自身利益最大化的组织，只是这种利益不一定是财富。安东尼·唐斯（Anthony Downs）认为，政府官僚的产出是不能通过市场来衡量的，政府官僚只依赖其上级来晋升，所以他们的行为准则是其上级的偏好。由此得出结论：每级政府都是一个利益集团，一方面，他们要完成本辖区内的经济社会管理任务，履行其管理职能；另一方面，他们又要在仕途上获得晋升和政治支持最大化①。恩格斯说：“文明时代愈是向前进展，它就愈是不能不给它所产生的坏事披上爱的外衣，或者否认它们——一句话，是实行习惯性的伪善，这种伪善，无论在较早的那些社会形态下，还是在文明时代的第一阶段都是没有的。”② 对此，吴思在《潜规则》一书中也有相类似的论述：“在中国历史上的帝国时代，官吏集团极为引人注目。这个社会集团垄断了暴力，掌握着法律，控制了巨额的人力物力，它的所作所为在很大程度上决定着社会的命运。在仔细揣摩了一些历史人物和事件之后，我发现支配这个集团行为的东西，经常与他们宣称遵循的那些原则相去甚远。真正支配这个集团行为的东西，在更大程度上是非常现实的利害计算。这种利害计算的结果和趋利避害的抉择，这种结果和抉择的反复出现和长期稳定性，分明构成了一套潜在的规矩，形成了许多集团内部和各集团之间在打交道的时候长期遵循的潜规则，这是一些未必成文却很有约束力的规矩。”③

在当前的官员绩效考核体系下，地方政府更重视短期内的经济增

---

① 夏永祥，王常雄．中央政府与地方政府的政策博弈及其治理［J］．当代经济科学，2006（3）：45－51.

② 马克思恩格斯选集（第四卷）［M］．人民出版社，1972：174.

③ 吴思．潜规则［M］．上海：复旦大学出版社，2009：1.

长，因为这不仅可以体现地方政府的政绩，而且会带来更多的升迁机会。一般来说，地方政府对于环保水平的期望值既不会太高，也不会太低。如果环保水平太低，就有可能引发环境污染事故，届时地方政府会成为媒体和社会关注的焦点，遭受人们的批评和指责，甚至短期内对地方的经济发展产生较大的负面影响，从而降低官员的绩效；而如果环保水平太高，一方面，一部分竞争力弱的企业可能会破产，从而引发工人下岗失业，并影响到当地的财政收入；另一方面，有可能导致部分企业转移到环保要求较低的地方，从而加大该地区招商引资的难度，更重要的是影响到官员们的政治仕途和晋升机会。在跨行政区流域水污染治理过程中，地方政府是经济现实中的一个主体，也是经济人，它与其他主体一样是利己的，具有追求自身最大利益的偏好。地方政府的利己性表现是它既追求所辖地区利益最大化，又追求政府官员利用最大化。因此，环境保护对于地方政府而言，只是其多重目标中的一个，而且是非最优先考虑的目标。一旦环保目标与其他目标出现冲突，地方政府必然在多重目标之间进行排序、协调，选择一个在短期内利益最大化的目标，而地方环保部门由于受地方政府直接领导并对其负责，其人员任命、经费等都由地方政府决定。因此，地方环保部门在治污过程中的负责程度、努力程度实际上由地方政府所决定。

政治经济人假设给人的启示是：一般来说，我们都认为市场失灵是政府干预的重要基础，政府在公共产品的供给上扮演着重要角色，但政治经济人的提出使人们发现政府可能是“仁慈的”，也可能是“邪恶的”，政府能否提供充足的公共产品不仅与政府的能力有关，也与政府的性质有关，政府是公共产品供给的重要主体，但它同时也可能同样存在政府失灵现象。

3.1.3　参与人有限理性假设

作为博弈参与人的政府在对它所处的环境及其未来的变化作出判

断，并据此选择正确的行动方案时，具有理性行为特征的政府在完全确定的条件下，对选择集的各种结果能够了解并作出最优选择。但受计算能力和信息不完全的限制，选择常常是在面临着各种各样的不确定性条件下作出的，罗尔斯在《正义论》中所描述的“无知之幕”很好地说明了这种不确定性：“我假定各方处置一种无知之幕的背后，他们不知道各种选择对象将如何影响他们自己的特殊情况，他们不得不仅仅在一般考虑的基础上对原则进行评价。首先，没有人知道他在社会中的地位，他的阶级出身，他也不知道他的天生资质和自然能力的程度，他不知道他的理智和力量等情形；其次，也没有人知道他的善的观念，他的合理生活计划的特殊性，甚至不知道他的心理特征；再次，各方不知道这一社会的经济或政治状况，或者它能达到的文明和文化水平。”①

因此，正像西蒙所言，“完全理性”是不现实的，“有限理性”比“完全理性”更接近于现实，追求满意决策比追求最优决策更符合现实。它的这种信息不完全性首先体现在一个不确定的环境中，参与人不可能掌握所有信息；其次是对于不同的博弈参与人，他所能掌握的信息是存在差别的。对于跨行政区流域水污染治理过程中的各级地方政府，我们首先撇开其非理性行为，集中研究其对待跨行政区流域水污染治理时采取这种或那种行为的必然性。其次，跨行政区流域水污染治理过程中博弈参与人的博弈策略，是由其认知能力决定，认知能力上的局限决定了它往往不会一开始就找到最优策略，而是在博弈中不断修正自己对对方的信念，然后采取相应的行为。

当然，博弈参与人的理性并非只是指国家的行动总是以追求利益的最大化为宗旨，国家在追求利益最大化的过程中，面临着机会成本、外部不确定性和信息不对称的问题。因此，理性的个体永远不可能获得自身利益的最大化，它只可能在受到外部环境约束的有限的条件下以追求

① ［美］约翰·罗尔斯．正义论［M］．何怀红译．中国社会科学出版社，1988：131.

“自身满意”的水平为原则，这个“满意的原则”可能包括最大化的利益，但不必然就是最大化的利益。①

3.2 地方政府流域水污染治理成本函数和排污决策模型

3.2.1 地方政府流域水污染治理成本函数

一般将水污染的环境成本分为两部分：一部分是由于人们在实际生产生活中使用被污染的水资源造成的经济损失，称为环境损害成本。为了能比较准确地估计某区域水污染造成的环境损害成本，我们需要对流域水体的污染源分布情况和流域生产生活活动的分布情况，以及流域水文知识有相当的了解。

另一部分则是人们对已污染的水体进行治理，削减废水中的污染物造成的治理成本。水体污染物的治理成本由两部分组成：一部分是治理设施的投资和初始安装费用；另一部分则是污染治理设施的运行费用。通常一套污染处理设施不止去除一种污染物而是几种，因此污染物削减费用函数包括了几种污染物共同的处理费用，称之为联合处理成本。尽管水体中污染物成分及其相应处理过程比较复杂，从纯粹的污水处理过程来估计治理成本在技术上也是可行的。为分析简便起见，可以忽略污染物的具体成分组成情况，赵来军指出目前能比较准确地反映出某区域的水污染治理成本（C）的主要影响因素有：污水处理量（V）、污染物削减率（$\frac{E}{I}$），即出界平均浓度（E）与入界平均浓度（I）之比，

① 苏长和．全球公共问题与国际合作：一种制度的分析［M］．上海：上海人民出版社，2009：34.

以及与区域经济特征有关的其他因素（X）等①。如果假定区域经济特征不变，我们可以形式化地建立如下模型：

$$C = f\left(V, \frac{E}{I}\right) \tag{3.2}$$

明显地，在区域经济特征不变的条件下，治理成本随污水处理量和污染物削减率的增大而增大，即 f 是关于 V 和 $\frac{E}{I}$ 的增函数。

对于比较成熟稳定的区域经济体，区域经济特征不变的假定比较合理，能大大简化相关问题的分析与求解。然而，对于处于快速成长的区域经济体，区域经济特征往往能在较短的时间内发生较大的变化。这时，我们不能忽略区域经济特征的相关因素对污水处理成本的影响，可以形式化地建立如下模型：

$$C = f\left(V, \frac{E}{I}, X\right) \tag{3.3}$$

这里，与区域经济特征有关的因素指反映区域产业结构、企业所有制组成结构、区域污染治理技术与水平等因素。考虑到相关因素的数据可得性，结合我国近 20 年来的历史发展进程，不难发现其中变化较大的有区域产业结构和企业所有制结构，而产业结构与各种污染物排放有着最直接的关系，目前绝大多数区域的水体污染物是因第二产业的快速崛起带来的。因此，我们将与区域经济特征有关的因素 X 进一步细化为区域产业结构组成因素，特别地，我们可以用区域总产值 G 和第二产业产值占总产值的比重 P_2 来刻画，可以形式化地建立如下模型：

$$C = f\left(V, \frac{E}{I}, G, P_2\right) \tag{3.4}$$

明显地，治理成本随总产值和第二产业产值占总产值的比重的增大

---

① 赵来军．我国湖泊流域跨行政区水环境协同管理研究——以太湖流域为例［M］．上海：复旦大学出版社，2009：50.

而增大，即f是关于G和P_2的增函数。借鉴世界银行政策研究局和曹东[①]，以及赵来军[②]等人的研究成果，可以对处理成本模型作如下设定：

$$\ln C = \alpha_0 + \alpha_1 \ln V + \alpha_2 \ln\left(\frac{E}{I}\right) + \alpha_3 G + \alpha_4 P_2 \quad (3.5)$$

根据以上关于函数C与变量的分析，我们预期实际的估计系数$\hat{\alpha}_0$都是正的。需要指出的是，工业污水和生活污水的性质并不一样，政府并不承担企业排放的工业污水的治理成本，但如果政府对企业是否治污进行监管，那么将付出监管成本。因此，本书所指的治理成本包括生活污水的治理成本、监管成本，以及对部分治污企业进行财政补贴的成本。

在明确了地方政府流域水污染治理的成本函数后，我们可用如下形式化模型表示地方政府流域水污染治理的期望收益：

$$U = \pi - C \quad (3.6)$$

其中，π表示地方流域水污染治理的效益，包括污染治理带来的社会和经济效益，以及由此带来的中央政府的赞赏和声誉等；C表示治理成本。

3.2.2 地方政府排污决策模型

《中华人民共和国水污染防治法》（以下简称《水污染防治法》）第18条规定："国家对重点水污染物排放实施总量控制制度。省、自治区、直辖市人民政府应当按照国务院的规定削减和控制本行政区域的重点水污染物排放总量，并将重点水污染物排放总量控制指标分解落实到市、县人民政府。对超过重点水污染物排放总量控制指标的地区，有关人民政府环境保护主管部门应当暂停审批新增重点水污染物排放总量的建设

---

① 曹东，王金南．中国工业污染经济［M］．北京：中国环境科学出版社，1999.

② 赵来军．我国湖泊流域跨行政区水环境协同管理研究——以太湖流域为例［M］．上海：复旦大学出版社，2009：50.

项目的环境影响评价文件。”同时，第19条规定：“国务院环境保护主管部门对未按照要求完成重点水污染物排放总量控制指标的省、自治区、直辖市予以公布。省、自治区、直辖市人民政府环境保护主管部门对未按照要求完成重点水污染物排放总量控制指标的市、县予以公布。”假定经济增长与污染物排放量呈正相关关系，在区域排污总量控制的情况下，各省市县级行政区为能排放更多的污染物而将围绕排污指标进行博弈，以争取有利于本行政区的排污指标配额。

假设流域上下游存在两个同质的地方政府 A 和 B，根据总量控制原则，中央政府确定流域的最大排污量为 q，以 q 为上限，地方政府 A 和 B 各获得相应的排污指标 q_A 和 q_B，且 $q_A + q_B = q$。如果地方政府能够有效而成功地执行中央政策，则地方政府的实际排污量 q_i^* 将小于等于 q_i，即 $q_A^* + q_B^* \leq q(i = A,B)$。根据《水污染防治法》第19条的规定，地方政府为避免被上级或中央政府公布名单而影响政绩，在不能完成中央政府规定的减排任务时，将有可能采取掩盖实际排污量的策略（水利部门和环保部门统计出的排污量大相径庭说明掩饰排污量的做法很可能出现，而陕西渭南华县给裸露的山崖直接喷绿漆的做法更是一种极端且不明智的掩饰手段，但目的同样是为了应付上级检查），使上报的排污量达到中央政府规定的指标限额。长此以往，由于地方政府的实际排污量 q_i^* 远远大于 q_i，社会实际排污总量将超过环境容量，引起生态恶化。如果地区经济增长与排污量存在正相关关系，那么地方政府 A 和 B 为获得更多的经济增长将为得到更多的排污指标进行博弈①。设地方政府的社会福利损失函数取如下形式：

$$L_A = \alpha_A^2 (q_A^* + q_B^* - q)^2 + \beta_A (q_A - q_A q_A^* / q)^2 \quad (3.7)$$

$$L_B = \alpha_B^2 (q_A^* + q_B^* - q)^2 + \beta_B (q_B - q_B q_B^* / q)^2 \quad (3.8)$$

式（3.7）和式（3.8）中，α_i^2 表示流域生态恶化给地方政府 i 带来

① 刘凌波．乡镇工业发展与环境经济的利益博弈探析［D］．北京交通大学博士论文，2008.

的社会福利损失系数，由于各行政区在流域所处地理位置的不一样，不同地区的社会福利损失系数也不相同。一般而言，上游地区要小于下游地区。β_i 表示相对于环境污染，地方政府 i 赋予经济增长的权值。在库诺特（Cournot）寡头竞争下，地方政府 A 和 B 的最优化问题，对式（3.7）和式（3.8）求一阶导并令其为零，得到地方政府 A 和 B 的反应函数：

$$q_A = \frac{-\alpha_A^2 q_B + q(\beta_A q_A / q + \alpha_A^2)}{\beta_A + \alpha_A^2} \tag{3.9}$$

$$q_B = \frac{-\alpha_B^2 q_A + q(\beta_B q_B / q + \alpha_B^2)}{\beta_B + \alpha_B^2} \tag{3.10}$$

地方政府实际排污量 q_i^* 与社会最优排污量 q_i 之间的关系，见图 3.1。

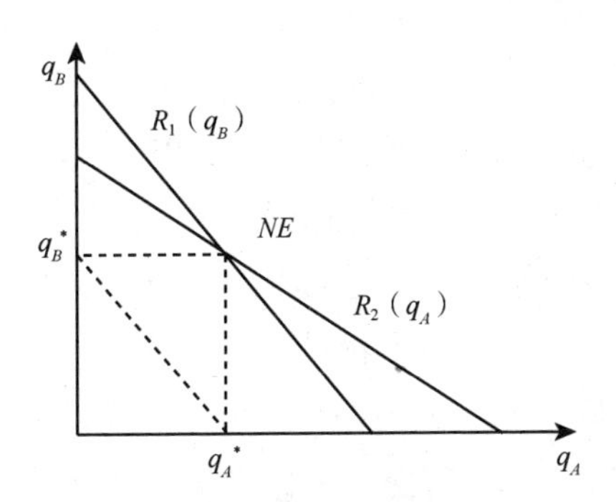

图 3.1　地方政府实际排污量与社会最优排污量间的关系

图 3.1 中，$R_1(q_B)$ 和 $R_2(q_A)$ 分别表示两个地区的反应函数，q_A^* 和 q_B^* 之间的连线表示社会最优的排污量水平，NE 表示两个地区实际的排污量均衡。从图 3.1 可知，实际排污水平大于最优排污水平，纳什均衡排污量大于帕累托最优社会排污量。地方政府排污决策模型表明，在中央政策不能得到有效执行的制度环境下，地方政府之间的经济竞争将使排污指标的竞争愈加激烈，且各行政区的社会实际排污量要大于排污指

标，说明地方政府将超标排污，生态环境将趋于恶化。

3.3 跨行政区流域水污染治理的制度环境

3.3.1 水污染治理法律体系

如第1章中所言，在一个现代民主和法治国家，法律通常是人们解决污染问题的首选工具。中国水污染治理工作起步于1972年“联合国人类环境会议”之后，并于1979年颁布了《中华人民共和国环境保护法（试行）》。但在那时，水污染防治的重点主要还是集中在点源污染治理上。进入20世纪80年代，中央政府不仅通过调整不合理的工业布局和产业结构对工业污染进行综合防治，而且水污染防治的立法工作也开始走上快速发展轨道。

1982年修订后的《中华人民共和国宪法》（以下简称《宪法》）提出：“国家保护和改善生活环境和生态环境，防治污染和其他公害。”此后，水污染防治立法蓬勃发展，《征收排污费暂行办法》（1982）、《水污染防治法》（1984）、《水污染物排放许可证管理办法》（1986）、《水污染防治法实施细则》（1989）先后颁布施行，并在1997年《中华人民共和国刑法》（以下简称《刑法》）修订案中增加“破坏环境资源保护罪”的条款。环境保护行政主管部门——国家环保总局（现为国家环境保护部）也先后出台《地面水环境质量标准》《生活饮用水水质标准》《渔业水域水质标准》《农田灌溉水质标准》《污水综合排放标准（GB8978－88）》等部门规章。这些环境法律法规、环境标准和环境政策构成了中国的水环境保护的法律体系，见图3.2[①]。

---

① 王浩．中国可持续发展总纲——中国水资源与可持续发展［M］．北京：科学出版社，2007.

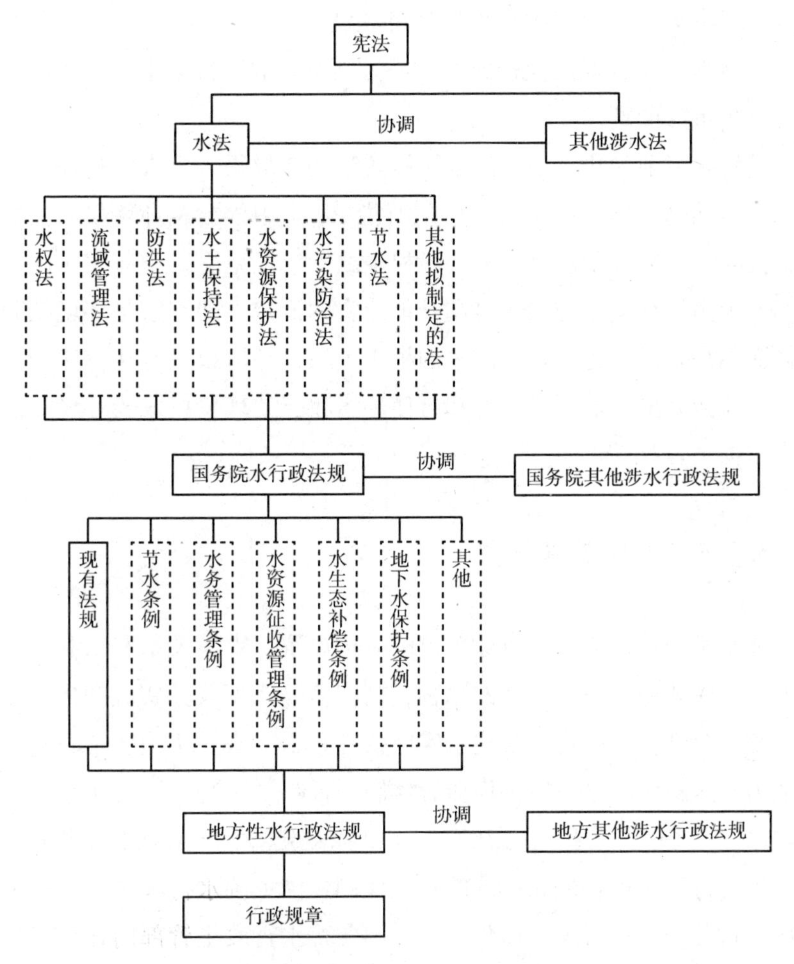

图3.2 中国流域水污染治理法律体系

目前，中国已基本形成了“经济建设、城乡建设、环境建设要同步规划、同步实施、同步发展，实现经济效益、社会效益和环境效益相统一”的“三个同步、三个效率统一”的环境保护战略方针，以及“预防为主，防治结合，综合治理”“谁污染，谁治理”的环境保护方针和强化环境保护管理的环境影响评价制度、“三同时”制度、排污收费制度、环境保护目标责任制制度、限期治理制度、城市环境综合整治定量考核制度、污染集中控制制度和排污许可证制度等八项制度。其中，“谁污染，谁治理”是针对已经造成的环境污染所采取的政策手段，明确了环境污染当事人的责任。

虽然到目前为止，中国的水污染防治法律取得了巨大的进展，但也面临许多问题。环境法学者吕忠梅所指出，“中国公民环境权立法遭遇的最大问题是宪法中没有写入环境权条款”①。《宪法》中有关于国家保护和改善生活环境，防治污染和其他公害的规定，即国家是环境权利的主体而不是公民。宪法作为国家的根本大法，环境权只有在宪法中明确提出，才能充分保证公民享有和行使环境权，使环境权成为环境立法的基本依据。

3.3.2 流域管理体制

体制是国家机关、企事业单位的机构设置、隶属关系和权利划分等方面的具体体系和组织制度的总称，其实质是制度及其实施问题。制度本身是否合理？标准是否合适？实施条件是否具备？实施者是否有动力和能力？这些因素是决定环境监管体制是否有效的关键②。《中华人民共和国水法》（以下简称《水法》）第12条规定：“国家对水资源实行流域管理与行政区域管理相结合的管理体制，国务院水行政主管部门负责全国水资源的统一管理和监督工作。国务院水行政主管部门在国家确立的主要江河、湖泊设立流域管理机构，在所管辖的范围内行使法律、行政法规规定的和国务院水行政主管部门授予的水资源管理和监督职责。县级以上地方人民政府水行政主管部门按照规定的权限，负责本行政区域内水资源的统一管理和监督工作。”2008年修订后的《水污染防治法》第4条规定：“县级以上人民政府应当将水环境保护工作纳入国民

---

① 吕忠梅．水污染的流域控制立法研究［J］．法商研究，2005（5）：95－103．

② 齐晔．中国环境监管体制研究［M］．上海：上海三联书店，2008．

经济和社会发展规划。县级以上地方人民政府应当采取防治水污染的对策和措施，对本行政区域的水环境质量负责。”

按照《水法》和《水污染防治法》的规定，全国建立了流域和行政区域相结合的水资源管理机构，成立了七大流域管理委员会和各级环保机构，各级地方政府职能部门的设置基本上与中央相对应。但除环境保护主管部门外，与水污染防治有关的政府部门还有水利部、建设部、农业部、国土资源部、交通部、国家林业局、国家发展改革委、财政部、商务部等及它们的相应机构。就水污染防治管理机构而言，中央设立了国家环境保护部，负责组织实施水污染防治，并协调水利部、建设部、农业部等其他部门参与水环境管理；省、市、县水污染防治与中央一致，由环保部门主管、多个部门参与。为协调各部门之间的工作，设立了流域水污染防治联席会议、领导小组，以及政府专门成立的办公室。中央政府的水污染防治协调机构主要有流域水资源保护领导小组、流域水污染防治领导小组、流域保护委员会、环境保护委员会等多种形式。各部门的职能分工见图3.3[①]：

根据流域管理立法和机构设置、运行情况，吕忠梅（2005）将中国水资源管理体制的特点总结为三条：一是统一监管与部门监管相结合；二是中央与地方分级监管相结合；三是流域管理与区域管理相结合。但从目前来看，这种管理体制带来了很大的弊端，正如重庆大学可持续发展研究室主任雷亨顺（2008）所说，“现行的环境管理体制只要求本地政府对本地环境负责，是导致跨行政区污染愈演愈烈的主要原因，也是造成中国水环境质量总体恶化的主要因素”[②]。流域管理体制的缺陷不仅体现在区域冲突上，而且还体现在部门之间的职能交叉上。《水污染防治法》第8条规定：“县级以上人民政府环境保护主管部门对水污染防治实施统一监督管理。交通主管部门的海事管理机构对船舶污染水域的

① 王浩．中国可持续发展总纲——中国水资源与可持续发展［M］．北京：科学出版社，2007.

② 转引自徐旭忠．跨界污染治理为何困难重重［J］．半月谈，2008（11）：26.

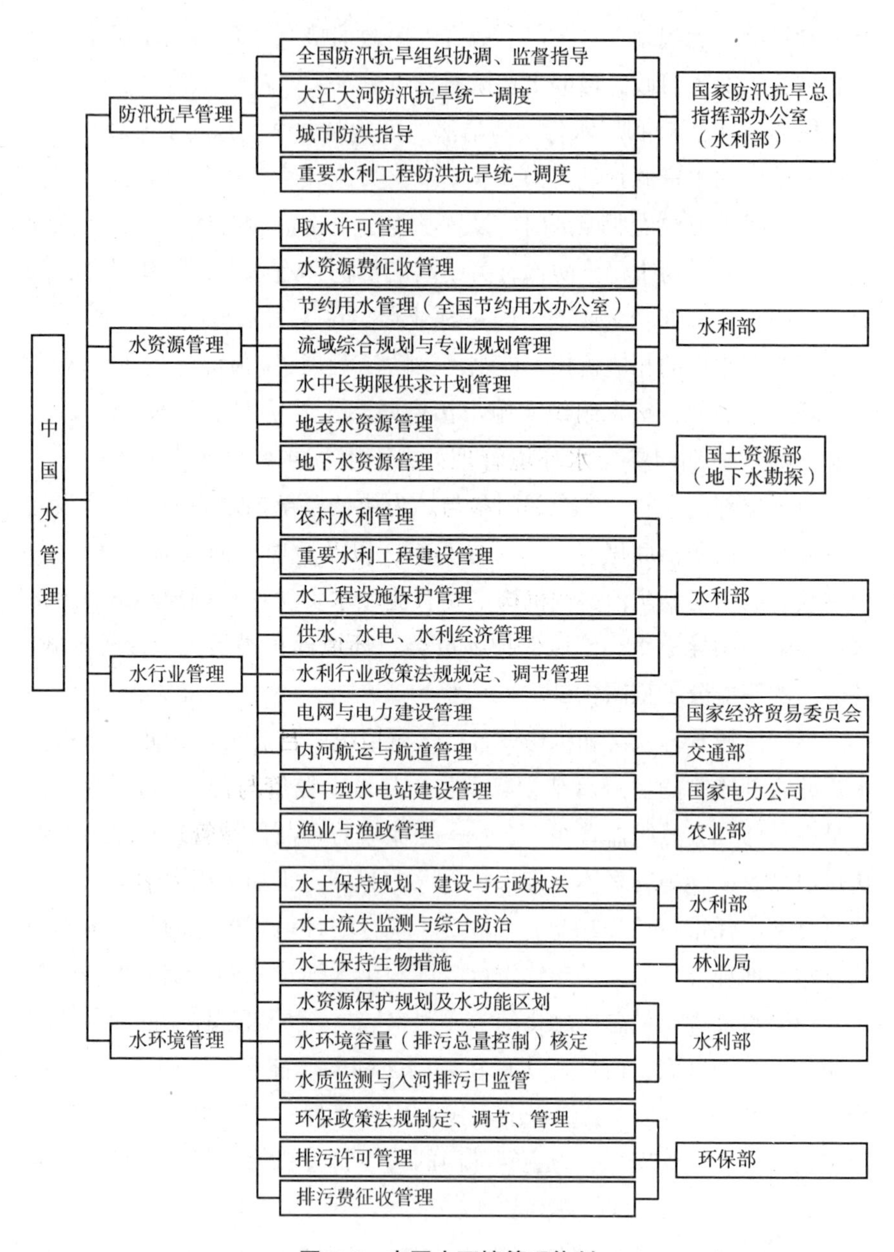

图 3.3 中国水环境管理体制

防治实施监督管理。县级以上人民政府水行政、国土资源、卫生、建设、农业、渔业等部门以及重要江河、湖泊的流域水资源保护机构，在各自的职责范围内，对有关水污染防治实施监督管理。"

多头管理和职能交叉导致的部门职责不清已成为中国水污染治理的重要障碍，而这又尤以环保部门与水利部门的矛盾最为严重。所谓"环保不下河，水利不上岸"，说的是即使水利部门认为排污超过了河流纳污能力，但对岸上的排污企业没有处罚权限，而对于河流的纳污能力，两个部门会有两套指标。在当年黄河治理上新华网就曾报道过这样的情况："黄河水利部门根据污染源实测，测出是42亿立方米，而地方环保部门按'谁排污谁申报'方法，统计数仅为30亿立方米"①。为什么会出现一个部门测出来已经超出了纳污能力，不能再增加污水排放量，但是另一个部门却认为远远没达到，还可以继续排污呢？说白了，这就是管理体制上的问题，两个部门从各自的利益出发，在河道设有各自的站点，分别独自测量水质水量。测完后，分别是两条线往上报，数据不汇合，造成结果不一样②。职责上的分工不明确，导致实践上存在"两套功能区、两套规划、两套监测体系、两套数据"等各自为政的现象。

虽然《水污染防治法》第10条规定："防治水污染应当按流域或者区域进行统一规划"，但实际上流域管理缺乏配套的机构设置和有效的管理措施，流域水污染主要还是依靠各行政区进行治理，各大流域管理委员会的职责则局限于水利开发、工程建设和防灾减灾，没有对水量和水质的管理权力；各级环保部门由于隶属于各地方政府管理，没有独立的财权和人事权，在环境问题的管理上受地方利益和部门利益的双重制约，其执法的有效性和公正性受到极大的限制，条块分割所导致的结果

---

① 新华网．黄河治污遭遇体制病［EB/OL］. http://news.xinhuanet.com，2003－04－21.

② 中国科学院可持续发展战略研究组．2008中国可持续发展战略报告——政策回顾与展望［M］．北京：科学出版社，2008：70.

只能是整个流域水资源环境的恶化[①]。可见，以行政区为基础的流域治理体制使整个流域的治理缺乏科学有效的协调，流域上下游之间污染转嫁现象，则更增加了协调治理污染的难度，流域的跨行政区治理终于成为难治之症。

3.3.3 环境执法效率

环境执法有效性不足是当今中国环境法治实践中存在的突出问题，环境法在环境保护中的实际效能尚未达到人们的预期要求，出现了环境立法不断增加但环境形势依然严峻的局面。据环保总局数据显示，一半以上的被调查者认为依据《中华人民共和国环境保护法》（以下简称《环境保护法》）的相关规定无法保证环保部门和其他部门在实施资源开发利用的同时有效地保护生态环境[②]，见图3.4，而其中最根本的问题是政府环境责任不完善。

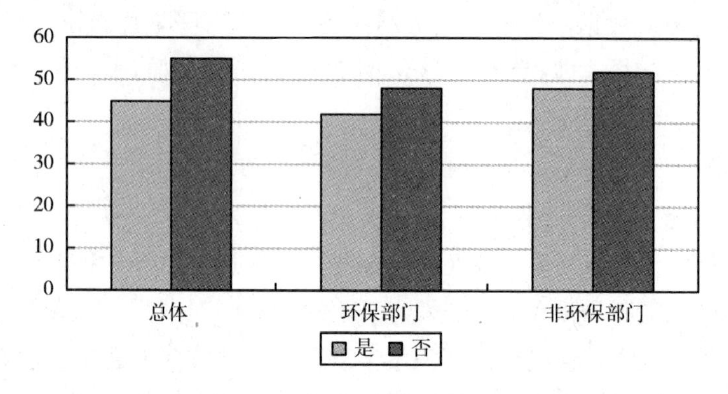

图3.4 《环境保护法》是否能有效保护生态环境

---

① 胡若隐．地方行政分割与流域水污染治理悖论分析［J］．环境保护，2006（7）：65－68.

② 王金南，夏光，高敏雪等．中国环境政策改革与创新［M］．北京：中国环境科学出版社，2008：116.

环境问题的公共性决定了政府环境责任的重要性。由于政府环境责任不完善，环境立法表现为重视政府环境权利而轻视政府环境义务、重视政府环境管理而轻视政府环境服务、重视政府环境主导而轻视公众环境参与、重视对行政相对人的法律责任追究而轻视对政府的环境问责①，立法上的缺陷严重影响了环境法律的有效性。以环境容量为例，环境容量作为公共资源不是环保部门所有，环保部门只是一个被授权管理的单位，但现实中部分环保部门却利用环境容量这一公共资源创造属于部门的收入。据环境保护部环境统计数据显示：全国排污费收入总额从 1999 年的 55.45 亿元增长到 2013 年峰值的 209 亿元，增长 3.39 倍，见图 3.5。

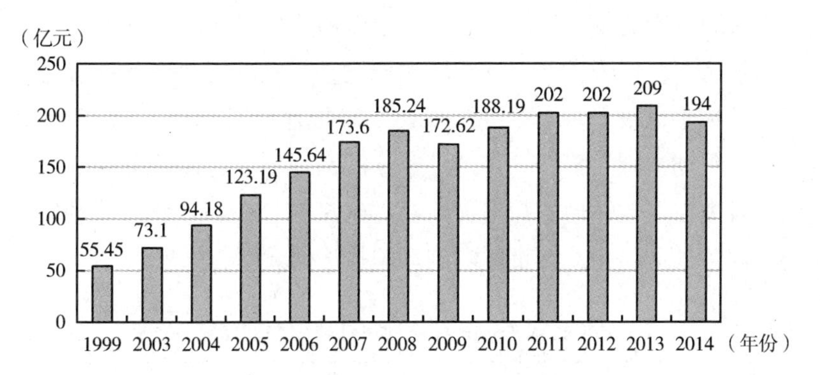

图 3.5　1999～2014 年排污费收入

资料来源：1999～2014 年环境统计数据。

如果以中国 2862 个县级行政区计算，则 2010 年平均每个县（区）征收的排污费达 657.55 万元。按专款专用的原则，排污费应该用于污染防治，但是环保部门收取的排污费有多少是用于了环境保护事业呢？我们不得而知！但是，2005 年 8 月 23 日，中央电视台《焦点访谈》栏目报道了湖北省南漳县环保局擅自以招待费、医疗费、房租费等冲抵、挪用、乱支排污费的情况。该报道致使环境保护部直接发布了《关于切实加强排污费征收管理，严格执行“收支两条线”规定的通知》（2005），认为这

① 张建伟．政府环境责任论［M］．北京：中国环境科学出版社，2008：1．

些行为严重违反了国务院《排污费征收使用管理条例》及其配套规章的有关规定①。这只是被新闻报道了的，尤其是被央视《焦点访谈》报道了的，才使得这些黑幕被公众所了解和地方环保部门被中央责令整改的结果。但是没有被报道的或者被报道了而没有被处理的还有多少呢？新华社记者在黄河流域一些省区采访时发现，污染企业扎堆的地方，环保部门衣食无忧；而在污染企业被大量关停的地方，环保部门却连工资都发不出②，出现了污染越重环保部门越富的现象。由此，受利益驱使的环保部门在环境问题上“睁一只眼，闭一只眼”也就成为其理性的行为选择了。试想，如果在立法上不仅强调企业的环境责任，也重视政府环境监管失职问责的话，环保部门也就难以损公自肥了。

除排污费使用未遵循专款专用的原则外，在环境执法的手段上，以罚代管的现象也很严重。据原环保总局环境监察局调查③，在环境执法的罚款、限期治理、警告、停产停业、吊销证书和行政处分的6种行政处罚手段中，罚款使用的频率最高，占到60%，以罚代管现象的突出使处罚的收益被部门化，严重影响到环境执法的效率，见表3.1。

表3.1　　环境行政处罚和环境刑事处罚案件的比较　　单位：起

年份	当年作出环境行政处罚决定的案件数	当年作出判决的环境污染犯罪案件数
2003	92818	1
2004	80079	2
2005	93265	2
2006	92404	4
2007	101325	3
2008	89820	2

① 陈阿江．水污染事件中的利益相关者分析［J］．浙江学刊，2008（4）：169－175.

② 潘勇．污染反弹现象的博弈分析［J］．生态经济，2000（2）：27－29.

③ 陆新元．中国环境行政执法能力建设现状调查与问题分析［J］．中国环境年鉴，2008：355.

续表

年份	当年作出环境行政处罚决定的案件数	当年作出判决的环境污染犯罪案件数
2009	78788	3
2010	116820	11
2013	66186	*
2014	73160	2180 *

注：*表示当年数据缺失。

在前文，笔者曾提到“违法成本低，守法成本高”的现实使得一些企业宁冒违法罚款的风险也不愿意治污，而环保部门也乐于使用罚款的方式增加部门的收入。某种程度上，排污企业、环保部门、地方政府之间已经形成了一个利益共同体。在一些地方，这些利益甚至被法制化。如某省出台正式文件规定[①]：民营企业经营者创业初期的犯罪行为超过追诉时效的，司法机关不得启动刑事追诉程序；在追诉期间内的，要综合考虑犯罪性质、情节、后果、悔罪表现和所在企业在当前的经营状况及发展趋势，依法减轻、免除处罚或判处缓刑。另一个省也规定，政法机关对非公企业法定代表人需采取强制措施或对非公企业、企业法定代表人的财产进行扣押或查封，若涉及年纳税额在500万元以上、50万~200万元、200万~500万元的非公企业和省、地、县确定的重点非公企业，必须分别报省、地、县政法委协调同意后执行。也就是说，为了发展经济，犯罪在一定程度上是可以被容忍的，部门保护主义和地方保护主义成为环境保护执法的重要障碍。对此，胡鞍钢曾言道：“中国有大量的环境立法……是世界上环境立法最多的国家之一。但在正式立法之外还存在着大量的‘事实规则’[②]，如排污收费协商化、环境监管形式化

① 孙立平．博弈：断裂社会的利益冲突与和谐［M］．北京：社会科学文献出版社，2006：69.

② 齐晔把正式规则，即以明文规定的形式固定下来的那些规则称为条文规则；而把非正式规则，即以习俗、传统、新年、惯例等形式在生活中发挥作用的那些规则称之为事实规制，有人称之为潜规则。

等，它们不同于正式规则，但有时候却比正式规则更有效"[①]。执法效率较低的状况大大降低了中国的法治指数。

事实上，企业的违法成本由其可能承担的行政责任、民事责任和刑事责任三方面构成，但中国对环境违法的责任追究主要是通过追究行政责任实施行政处罚，而不重视其对环境损害民事责任和环境犯罪刑事责任的追究。"违法成本低，守法成本高"本质上是因为环保机关对其行政处罚力度太小，环境损害受害人难以追究企业的民事赔偿责任，以及司法对环境刑事犯罪的追究不足以震慑违法者。2009 年 3 月，湖南省环保局对沅江纸业有限公司开出湖南有史以来对违法排污的单次最高罚单 100 万元，但这对沅江纸业这个年产 40 万吨，年利税总额将突破 4 亿元的企业来说，这只不过是九牛一毛。尽管 2006 年新修订的《刑法》第六章"妨害社会管理罪"中专门增加了破坏环境资源保护罪，从立法上加强了对环境犯罪行为的刑事责任追究；2007 年 6 月 5 日，环保总局、公安部和最高人民检察院也联合发布了《关于环境保护行政主管部门移送涉嫌环境犯罪案件的若干规定》，进一步规范了环境刑事犯罪的责任追究。然而在实际上，这并没有发挥多大作用。

综上所述，在社会转型过程中，社会控制力度的弱化体现在违反有关规章制度的风险较小或真正受到严重处罚的可能性较低。如果违规被发现的可能性不大，或即使被发现了，被人举报或立案的可能性又不大；而被人举报立案后，受到惩处的概率也不高；即便受到惩处，真正惩处得当的概率又不高；即便惩处得当，所遭受的损失也不一定大于违规所获得的收益；如果继续设想，即便一次所受的损失大于违规所得，但只要违规被发现的概率不高，那么违规行为依然会出现[②]。因此，"守法成本高，违法成本低"已成为水污染防治实施中的执法"瓶颈"，企

① 胡鞍钢．中国环境治理：从"劣治"到"良治"[A]．齐晔．中国环境监管体制研究[C]．上海：上海三联书店，2008：5.

② 江莹．互动与整合——城市水环境污染与治理的社会学研究[M]．南京：东南大学出版社，2006：107.

业宁愿缴纳排污费，取得合法的排污权，也不愿意投资建设处理设施，甚至有些企业建有处理设施也不运行。这种异质性的负面效应，还为现存的行政条块分割体制及环境保护制度的内在冲突所强化，环境执法的效率就可想而知了。

3.3.4　水污染纠纷处理方式

由于流域管理的权力被各个行政区和部门所分割，但流域的界线是自然形成的，而行政区域是国家按照分级管理的需要而划分的地方政府管辖范围。在这种情况下，一个流域往往被多个行政区域分割，如长江干流流经11个省级行政区，黄河干流流经9个省级行政区，海河干流流经7个省级行政区等。与此同时，一个省级行政区也可能涉及几个流域的范围，如河南省涉及黄河、海河、淮河等多个流域，由此产生了上下游、干支流、左右岸、地表水和地下水、水量与水质、防洪与抗旱、水资源开发利用等涉及协调各行政区之间的水事关系问题。因此，为了更好地管理有关跨行政区水资源的事务，国家采取的是相关责任部门相互协商的制度，在协商不成的情况下由上一级政府裁决。

为此，《水污染防治法》第28条规定："跨行政区域的水污染纠纷，由有关地方人民政府协商解决，或者由其共同的上级人民政府协调解决。"《水法》第56条规定："跨行政区的水事纠纷，应当协商处理，协商不成的，由上一级人民政府裁决。"《环境保护法》第15条规定："跨行政区的环境污染和环境破坏的防治工作，由有关地方人民政府协商解决，或者由上级人民政府协商解决，作出决定"。可见，目前对于解决跨行政区流域水污染纠纷问题，中国主要不是依靠法律手段或市场机制，而是寄希望于地方政府之间的协商或上级政府的协调。政府间协商的积极意义在于它能够达成一些共识，这种官员承诺式的解决方式的优点是比较适合一些重大的水污染事故，效率较高。但是从实践效果看，其缺陷也很明显，对于多数水污染纠纷，政府很可能无暇顾及，或者即使政府参与协调，但由于涉及跨区问题，难以做到协调统一。更进一步地说，协商解决的随机性强，缺乏法律效力和稳定性。因为法律中有的只是一些原则性的条款，而没有关于政府间合作的具体规定。这给政府间合作带来了诸多隐患①：一是地方政府往往只注重走上级路线，而忽视横向政府间的合作；二是地方政府间合作权限不明确，也没有具体的处理跨行政区公共事务的法律或法规对地方政府的权限和职责进行明确的规定。

这种依靠协商解决的机制，使得政府之间合作行动的制度化程度相对较低，基本停留在各种会议的层面上，就较为成熟的泛珠江流域环境合作机制而言，它主要由三方面构成：一是合作联席会议，每年举行一次，有“9+2”各省区环保部门轮流主持；二是专题工作小组，进行专项合作协商；三是环境保护工作交流制度②。虽然《水污染防治法》第10条要求建立跨区域的机构统一防治水污染，但这些规定都只是原则性的，地方政府在处理区域环境污染问题的操作层面上没有具体的法律可依。

3.3.5 政府绩效评估导向

上级政府对下级政府的考核标准，犹如一根指挥棒引导着下级官员的施政行为。合理的考核标准，产生正确的施政行为；不合理的考核标准，必然产生不合理的施政行为。在以经济建设为中心的基本方针下，对地方政府官员的绩效考核过于偏重经济政绩，导致了地方官员对地方GDP增长的过分追求，使旨在维持本地企业竞争力、发展地方经济的地方保护主义难以杜绝。“上有所好，下必甚焉”，于是“官出数字、数字

---

① 杨妍，孙涛．跨区域环境治理与地方政府合作机制研究［J］．中国行政管理，2009（1）：66－69.

② 钟卫红．泛珠三角区域环境合作：现状、挑战及建议［J］．太平洋学报，2006（9）：9－15.

出官”的欺上瞒下、弄虚作假等违法乱纪现象就不断出现。以GDP为核心的政绩考核标准，以及自上而下的政绩考核方式，诱导地方政府官员投入到向上“争项目、争资金、争政策”的洪流中去，想方设法挤进中央和上级政府的“笼子”，以实现在经济和政治竞争的双重博弈中获胜的目的。于是，大项目、重复建设、产业结构趋同、产能过剩、资源浪费、环境污染等社会经济问题层出不穷。考虑到这种恶性竞争的不良后果，中央政府在2004年提出实现发展观念由“又快又好”向“又好又快”和“以人为本”转变，试图建立更为科学的绩效考核指标体系。然而，这些被冠以绿色GDP的考核指标，仅停留在理论层面的讨论上，而没有付诸实施，其理由是绿色GDP难以客观衡量、存在技术上的障碍①。之后虽然在2006年“十一五”规划中提出应将国土空间划分为优化开发、重点开发、限制开发和禁止开发四类主体功能区，并根据主体功能区的定位完善区域政策和绩效评价。为进一步推进以上战略目标的落实，国务院在2010年6月12日的国务院常务会议原则通过《全国主体功能区规划》，在国家层面上明确了以上四类主体功能区的范围、发展目标、发展方向和开发原则，同时在一些地区（如青海省三江源地区）不再考核GDP，而代之以对其生态保护和社会发展进行考核，但少数地区的改变并没有带动整个大环境的改善，多数流域沿岸地区对GDP的追求依然强劲。因此，尽管告别GDP崇拜提了几年，但现实并没有发生根本性改变，制度的刚性使官员的晋升路径依然沿着既定的轨道。

现行对政府绩效评估主要是把绩效考核的结果与公职人员的切身利益（如晋升、工资）结合起来，期望发挥激励的作用和效果的行政性目的，而不是把考绩作为人力资源发展的手段②，不是帮助公职人员了解自己的工作能力，最终使个人得到发展，组织效益得到提高。我们不否

① 新华网．告别GDP崇拜空喊多年 水污染进入爆发期［EB/OL］. http://news.xinhuanet.com，2009-08-29.

② 中共北京市委组织部，北京市人事局，中国人民大学劳动人事学院．构建新世纪现代人才管理体制——首都人才发展战略研究报告［R］. 北京：中国人民大学出版社，2004：173.

认绩效评估应该具有根据工作绩效的好坏确定公务员切身利益的目的，但将评估行政性目的替代发展性目的无疑是本末倒置的做法。这种目的的扭曲使考核者关注的不是考绩结果的正确与否，而是避开因考绩工作而损害与领导、同事及部下的社会关系，考绩者倾向于给出偏高的等级或使大多数人位于成绩的中间。抛开这些不说，就在行政性目的占主导地位的、以 GDP 为核心的绩效评估体系中，政府绩效评估在操作层面上也进入了重重误区。

（1）理念误区，概念模糊不清。绩效评估的主要是对被评估者（政府及普通公务员）进行监督，发挥“有形的眼”的作用，发现被评估者在工作中的不足和问题，以提高以后的工作绩效。然而在实践中，人们总是把绩效评估等同于打分和奖金发放，导致执行偏差①。忽视了绩效评估和其他环节的互动和沟通交流，结果是评估指标错位，绩效评估绩效不高，评估不公或缺乏效率。绩效评估中主要是人的因素，是政府公务员对绩效计划和绩效评估指标的了解与理解，并在实际工作中以计划和评估指标为标尺，规范自己的行为；是领导和管理者在绩效评估的过程中努力沟通，加强绩效辅导，提高绩效激励的激励效果，尽可能地做到客观、公平、公正、公开。

（2）评估责任人误区，也即绩效评估主体误区。绩效评估中一个基本的问题是：到底由谁来评估谁的绩效。绩效评估常被看成是人事部门或组织部门的工作，存在着明显的政府或党委自我评估和以简单的数量指标来衡量政绩的倾向，缺乏社会公众的参与和监督。这种“本位意识”在哲学上表现为个人主义和集团功利主义，使评估结果优化或趋向于集中。实际上，政府部门并不是一个脱离公众的独立机构，相反现代政治文明要求公众参与公共事务，政府及其公务员的绩效评估也就不可

---

① 姜晓萍，马凯利．中国公务员绩效考核的困境及其对策分析［J］．社会科学研究．2005（1）：12－16

或缺要求公众参与，实现公众和社会的监督权①。现代政治民主的精神理念要求政府转变责任观念，实现从对领导负责到对公民负责的进化。

（3）绩效评估指标体系误区。受传统品位分类的影响，我们对公务员岗位缺乏科学、明确的工作分析和岗位说明书，对职位缺少工作分析，对环境绩效的要求就更加不明确了，也就很难产生与工作相关的绩效考核指标，如缺少对不同主体功能区、不同区域和不同部门行之有效的考核指标，相应地也就没有明确的职责，导致实践中绩效评估指标体系的建立缺乏明确的指导而出现两种错误：一是绩效评估的机械化，认为没有任何人为因素的绩效评估才是好的绩效评估；二是绩效指标过细，工作失去重点，现实中常出现的情况是一张考核表适用于所有的职位和职务，考核难以做到科学化，完全背离了绩效评估的意义②。考核指标客观化不够，公务员的实际绩效也就难以全面反映，而考评存在人际因素大于工作实绩的情况，使在公务员考核中，优秀指标的使用考虑平衡因素和位置因素，甚至出现轮流使用优秀指标的情况。

（4）绩效沟通与反馈缺位的误区。绩效评估是一个持续的改善过程，而其中的改善，在很大程度上是通过绩效辅导而产生的效果。绩效沟通在整个的绩效管理评估过程中，是关系到绩效评估能否达到预期目的的关键因素，确保绩效计划制订的科学性和民主性，确保计划客观地反映社会经济发展和民众需求的真实性，确保广大公务员和公众参与到绩效计划的制订和评估中去。据一项政府调查结果显示：在考核、评估前，46%的人对评估的计划、内容和程序并不了解；考核、评估之后，52%的人不知道结果为何。割裂了评估者和被评估者之间的关系，没有真正的认识到绩效评估的主、客体之间的关系。评估频繁却忽视了对员工的日常反馈与辅导，评估月月做，奖金月月发，但对官员的沟通和辅导却跟不上。官员并不知道为何拿到这些奖金，也不知道如何拿到更多

---

①② 林光明，曹梅蓉，饶晓谦．提高绩效管理的绩效［J］．人力资源开发与管理，2005（11）：22－25.

的奖金，更不知道在何种情况下他们会失去奖金。久而久之，奖金成了每月的固定收入，失去了激励的意义，评估本身应起到的作用没有起到。

（5）绩效评估战略误区。绩效评估战略落后，跟不上中国社会和经济发展的步伐。企业要实现发展的战略，谋求更大的市场份额和市场利润，必然要求有优良的绩效，而在不同的发展阶段，企业有不同的人力资源战略和市场营销战略等，相应的绩效评估的方向、重点也就应有所调整。同样的道理，政府在不同的经济和社会发展阶段其战略目标是不一样的，如邓小平同志的“三步走”战略是对国家在不同的发展阶段提出的具体而不一样的目标。围绕这些目标，政府的职能重心应有所调整，而不是一成不变，墨守成规。职能调整的同时，必然伴随着不同的发展战略与目标、不同的社会管理和发展的评价指标，因而政府对公务员的管理也就有所不同，相应的绩效评估的侧重点也应有所调整。

3.4 博弈参与人之间的信息结构

信息是参与人有关博弈的知识，特别是有关“自然”（决定外生随机变量的概率分布机制）的选择、其他参与人的特征和行动的知识。在环境污染和治理中，如果一方对于另一方的行为或者“类型”并不拥有充分的信息，也可能会出现市场失灵[①]。从时间上看，非对称信息可能发生在当事人签约之前，就可能发生在签约之后。研究事前非对称信息博弈的模型称为逆向选择模型，研究事后非对称信息的模型称为道德风险模型。从内容上看，非对称信息可能是参与人的行动，也可能是参与人的知识。研究不可观测行动的模型称为隐藏行动模型，研究不可观测知识的模型称为隐藏知识模型。在信息经济学中，一般将上述四类模型

① 张维迎．博弈论与信息经济学［M］．上海：上海三联书店，2004：112.

简化为委托—代理模型和逆向选择模型。

3.4.1　中央政府和地方政府的委托—代理关系

在委托—代理理论中，通常将拥有私人信息的参与人称为代理人，不拥有私人信息的参与人称为委托人。委托—代理理论试图解决的问题是：在信息的非对称下，如何使代理人按照委托人的利益进行行动，或者委托人如何根据观测到的有关代理人的信息奖惩代理人，以激励代理人选择对委托人最为有利的行动。

中国政府组成的典型特征是"五级半"政府，加上条块分割、以块为主，使信息不对称、权利不对称被人为地放大，成为国家和地方治理的难点①，见图3.6。

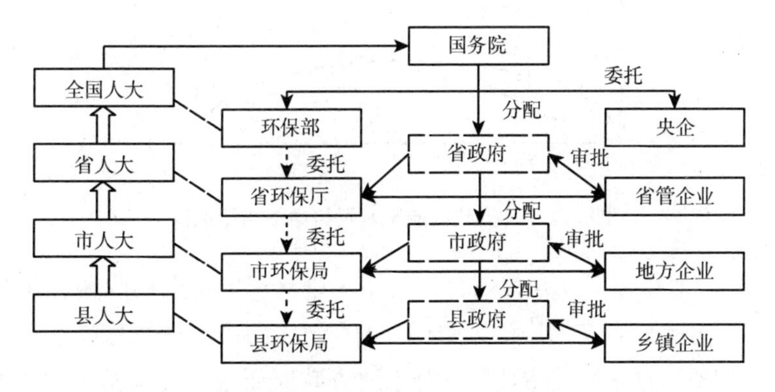

图3.6　各级环保部门与相应国家机关的委托—代理关系

根据委托—代理理论，公民—国家—中央政府—地方政府之间形成委托—代理关系，由于委托人和代理之间的效用目标不尽一致、契约不完全，以及风险与责任不对称的矛盾，代理人就可能不完全贯彻委托人意图，甚至为追求个人利益而牺牲委托人利益，"代理问题"（agency

---

① 邓志强．我国工业污染防治中的利益冲突和协调研究［D］．中南大学博士学位论文，2009.

problem）出现就成为必然。

就环境资产而言，道德风险可能导致监管当局无法实施有效的监督，在控制排污方面最有责任的一方就可能产生懈怠情形，因为尽管他承担了控制污染的所有成本，却只能从中获取一部分收益——因为全社会都可以从中获益。在不考虑可转移外部性的情况下，他在经济上就有动机降低排污控制的力度，甚至低于监管当局所设置的标准，于是配置在控制污染上的资源就会减少，而污染程度则会大大超过社会最优水平，见图 3.7。

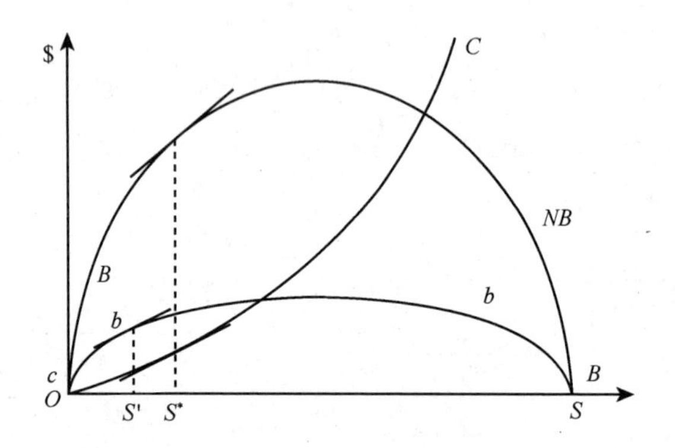

图 3.7　跨行政区流域水污染中的道德风险

图 3.7 中，曲线 BB 代表全社会从污染治理中得到的收益，曲线 bb 代表各地方政府由其污染治理中得到的收益，污染治理的总成本为 CC 。社会的期望治理水平为 S^* ，但对于地方政府而言，其承担了污染治理的总成本，收益却只是其中的一部分。因此，地方政府的污染治理水平停留在 S' 上，此时地方政府的边际 私人收益 = 边际成本 。显然，长此以往，污染将处于越来越严重的境地。

事实上，只要委托—代理关系存在，代理所面临的负面因素就不可避免，任何国家、组织都不可能完全解决，而只能从进一步完善制度设计入手，使代理问题带来的损害降到最低限度。委托—代理理论认为，要有效解决代理问题，就应建立一套既能够有效地约束代理人的行为，又能激励代理人按委托人的目标努力工作，大大降低代理成本，实现委托人与代理人双方利益“帕累托最优”的机制或制度安排——激励与约束机制。建立对代理人的激励与约束机制，目的是激发代理人的责任心和创造性，抑制代理人的不良动机和行为，减少道德风险和避免逆向选择行为，为委托人带来更大收益。

3.4.2　地方政府的逆向选择和信号传递

逆向选择问题存在于非对称信息发生在委托—代理关系之前，即委托人在委托行为发生前不知道代理人的类型，委托人选择什么样的契约以获得有关代理人的私人信息。

Akerlof（1970）旧车市场模型（lemons model）开创了逆向选择理论研究的先河，描述了在旧车市场上，买者和卖者有关车的质量信息问题：卖者知道车的质量而买者不知道，买者只知道市场上车的平均质量，从而理性的买者只愿意根据车的平均质量支付价格。这样一来，质量高于平均水平的车就会因为买者不愿支付高于平均价格的价格而退出市场，而质量更低的车将进入市场。结果是，市场上出售的旧车的质量不断下降，而买者愿意支付的价格也跟着进一步下降，导致更多的质量高于市场平均水平的车退出市场，并形成恶性循环。在这种情况下，只有低质量的车才能成交，交易的帕累托改进也就得不到实现。

对中央政府来说，逆向选择是一个非常严重的问题。由于环境保护问题，地方政府可能选择大规模的发展工业，尤其是经济效益见效较快的一些高耗能、高排放、高污染的产业和项目。对于地方政府而言，由于官员的任职是有任期的，任期内的绩效是官员能否升迁的主要依据，但是环境保护或者污染治理的效果是需要一个过程才能显现出来的。因此，中央政府也就无法识别地方政府官员任职期间是否有效地进行了工作，为了让中央政府发现自己的工作业绩，地方政府就不得不做一些“政绩工程”以达到让中央政府知道自己是努力工作的目的。这样一来，各个地方政府群起而效之，那些真正为污染治理付出过行动的官员由于其绩效不被中央政府察觉而被排除在晋升行列外。出于理性的考虑，这些官员在下一届任职时，自然也就会降低在环境保护上努力工作的动机，而把精力放在一些显性政绩上，导致各地方政府官员进行环境保护的动机越来越弱，结果是全国的环境状况越来越差。

地方政府逆向选择的意义是中央政府选择什么样的合同能够识别那些有“欺蒙”行为的地方政府官员。关于这一点，在下一章中央政府和地方政府的信号传递博弈中将更为详细的论述。

3.5 博弈参与人的利益分析

依据 Chen C. W. （2004）等的研究，在污染防治中有三类基本的利益相关者：环境产权所有者（由各级政府部门代理形式所有权）、企业（污染制造者）和一般公众（污染制造者和受害者），这些利益相关者形成了复杂的利益关系①。这种利益关系及其博弈影响着制度的演化，制度的选择只是利益冲突条件下的一种公共选择，利益冲突的根本原因是制度安排不合理，以及由此导致的制度“锁定”和路径依赖。

3.5.1 企业追求利益最大化

企业是现代市场经济的主体，自亚当·斯密提出“经济人”假设以来，按市场经济规律行事的企业便成了“经济人”的典型代表，他们最大限度地追求自身的利益，以利润最大化为核心。马克思和恩格斯从资本逐利的本性出发，从历史唯物主义的立场对环境破坏的因果关系进行了阐释，“为了实现资本积累这一资本主义发展的原动力，从而盲目地

---

① Chen C. W., Herr J., Weintraub L. Decision support system for stakeholder involvement [J]. Journal of Environmental Engineering Asce, 2004, 130 (6): 714 - 721.

榨取和破坏人类和自然，而这种行为必然导致自然灾害或引发革命。”资本的逐利性使一些企业把公众的环境利益弃之不顾，恩格斯在《英国工人阶级的状况》中把公害导致工人卫生状况恶化的非人为伤害称为“社会的伤害和谋杀”，并将这一问题的责任归咎于作为社会指挥者的资本家。马克思在《资本论》中阐明工人居住环境的恶化是伴随着资本积累而产生的贫困化现象，“资本主义的生产方式因其矛盾对立的本质，浪费工人的生命和健康，降低工人的生存条件，并将其作为节约不变资本，进而作为增加利润的手段。”

日本经济学家宫本宪一对资本逐利导致的公害问题进行了分析，“公害可以说是依附于资本主义生产关系而发生的社会灾害。其原因是资本主义企业及私营企业在滥用国土及资源和生活资本的不足及城市规划的失败，是一种妨碍农民及城市居民的生产和生活的灾害。因此，公害是阶级对立的表现。”在《社会资本论》中，宫本宪一进一步阐发了这一理论，认为公害是作为资本积累的一般化倾向的贫困化的一个现象。资本主义企业渴求利润的结果是，与可变资本相比，不断增大不变资本（机器、设备和原材料等），但却尽量避免由此带来的利润率的降低，所以通过节约与直接生产过程无关的固定设施（如防止公害、保健等），并以此增加利润，这样社会最优和企业私人最优的污染水平就出现不一致，见图 3.8。

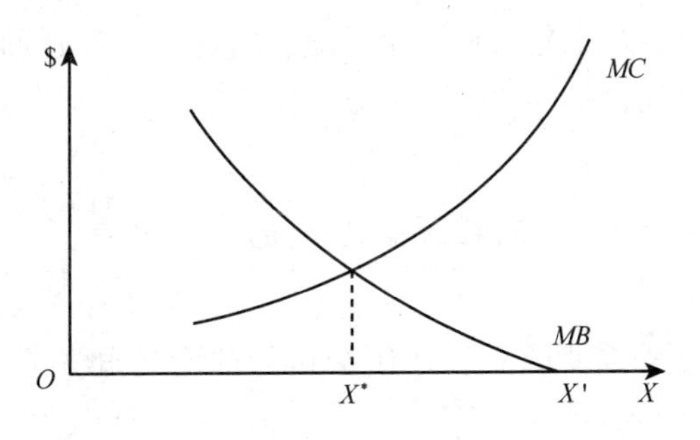

图 3.8　社会最优和企业私人最优的污染水平

在图 3.8 中，如果曲线 *MC* 表示社会的污染边际成本，*MB* 表示社会的污染边际效益，那么社会的最优污染水平则处于点 x^* 的位置。但如果无法达到社会最优的污染水平的话，根据利润最大化原则，社会上的企业就会将污染排放扩大打破边际收益等于的零位置，即 $MB=0$，这时企业的最优污染水平则为 x'。显然，$x'>x^*$，企业最优污染水平大于社会最优污染水平。

因此，在"经济人"作用的驱使下，追求利润最大化就成为市场经济中企业行为决策的最根本特征，如果企业违背这一原则就有可能在激烈的市场竞争中被淘汰出局。为此，江莹在《互动与整合——城市水环境污染与治理的社会学研究》一书中描述了某企业独立董事的感慨，"在市场经济条件下，各个企业自主经营、自负盈亏……除垄断行业的企业外，很多企业，尤其是传统国有工业企业利润率不高，人口负担重，资金缺口大。企业不是不知道环保的重要性，但企业员工要领工资，业务伙伴要拿货款，水、电、气、运不能停，公款应酬无可奈何。似乎只有环保可以暂时舍弃，只有将处理废水、废气、废渣的资金用于生产，用于发放员工工资。这种舍弃往往集体研究决定，甚至是经企业党组织统一的，尽管存在群体越轨之嫌，但领导支持，员工理解。"① 对于国有企业而言，由于对企业负责人考核的人事管理制度不完善，产权不明晰，容易导致环境污染责任"虚化"问题。因为在现有体制下，国有企业领导人与政府行政领导一样大多是任期制的，企业资产、利润的增长和经营场所的扩张是衡量企业业绩、决定老总升迁的主要依据，这加剧了企业的短期行为，淡化了企业的环境责任。

3.5.2 地方政府追求利益地方化

著名的府际关系研究学者谢庆奎认为政府之间关系的内涵首先应

---

① 江莹．互动与整合——城市水环境污染与治理的社会学研究［M］．南京：东南大学出版社，2006：107.

该是利益关系，然后才是权力关系、财政关系、公共行政关系[①]。在传统经济学中，政府是“守夜人”，是没有自己特殊利益的超社会存在。但实际上，政府行为极易受利益集团、官僚机构和信息的影响，使政府行为出现异化。在高度集中的计划经济时期，中央政府集中了各项资源，地方政府和个人的利益相对被压制。但是改革开放后，随着市场经济体制的逐步确立和分权制的改革，地方政府的积极性被极大地激励起来，地区间的利益矛盾越来越显性化，地方政府在代表中央利益的同时更多地代表了地方利益，并成为本级政府利益和部门利益的承载者。

据《中国行政管理体制现状调查与改革研究》课题组对 14 个省、58 个政府部门在内的中国省、市、县、乡（街道）四级政府公务员进行问卷调查和访谈显示，31.3% 的受访公务员认为，当地政府决策时最忠实包括上级领导、党政部门及公务员和当地民间精英等在内的特殊群体的利益，地方政府行为的最主要目的是谋求地区资源的最优配置和地方利益的最大化。同时 7.2% 的受访公务员承认，本部门在决策过程中会考虑当地党政部门及公务员的利益，并且当这个利益与上级的政策或任务不相一致时，会倾向于依法向上级反映困难。这说明地方政府强烈的意识到自我利益的存在，且有积极性向上级争取或保护这种自我利益[②]。这说明分权式改革后地方政府成为更为独立的经济主体，地方政府的利益主体意识逐渐增强。

地方政府的基本职能是社会管理和提供公共产品。如果把地方政府对公共产品的投资分为进取型投资和保护型投资[③]，则地方政府对本地污染的治理可以视为进取型投资，而对本地污染进行保护或转移的投资

---

① 谢庆奎．中国政府的府际关系研究［J］．北京大学学报，2000（1）：26.

② 方然．地方政府公共政策的利益取向分析——基于四级地方政府的问卷调查［J］．中国行政管理，2009（1）：121.

③ 进取型投资是指当某一地方政府对该类公共产品进行投资时，不仅会使该地区受益，也会使其他地区受益；保护型投资是指当某一地方政府对该类公共产品进行投资时，会使该地区受益，但会使其他地区的收益受损。

可视为保护型投资。谢晓波（2004）描述了具有外部性的区域公共物品供给间的地方政府竞争模型，设：（1）两个同质的地方政府 A 和地方政府 B，即博弈参与人 i 的集合 $N = \{A,B\}$；（2）每个参与人的行动 a_i 的集合 $A_i = \{a_i\}$ =（进取型投资，保护型投资）；（3）每个参与人的战略 S_i 是根据固定的投资总额选择用于这两种不同类型的公共产品 I 和 K 的比例（其中 I 代表具有正外部性的公共产品，K 代表具有负外部性的公共产品），以实现利益最大化。如果地方政府的支付函数取柯布—道格拉斯形式，则：

$$U_A = (I_A + \gamma I_B)^{\alpha}(K_A - \theta K_B)^{\beta} \tag{3.11}$$

$$U_B = (I_A + \gamma I_B)^{\alpha}(K_B - \theta K_A)^{\beta} \tag{3.12}$$

式（3.11）和式（3.12）中，$\alpha,\beta > 0;\gamma,\theta < 1;\alpha+\beta < 1$。$\gamma$ 是反映进取型投资正外部性大小的参数，θ 是反映保护型投资负外部性大小的参数。

对于给定投资分配总额 M 的约束条件，地方政府 A 和地方政府 B 的战略是在利益最大化的原则下选择各自的投资分配比例，地方政府 A 的决策可表示为：

$$\max_{\{I_A,N_A\}} U_A = (I_A + \gamma I_B)^{\alpha}(K_A - \theta K_B)^{\beta}$$

$$s.t.\begin{cases} I_A + N_A \leqslant M \\ I_A \geqslant 0 \\ K_A \geqslant 0 \end{cases} \tag{3.13}$$

地方政府 B 的决策可表示为：

$$\max_{\{I_B,N_B\}} U_B = (I_A + \gamma I_B)^{\alpha}(K_B - \theta K_A)^{\beta}$$

$$s.t.\begin{cases} I_B + N_B \leqslant M \\ I_B \geqslant 0 \\ K_B \geqslant 0 \end{cases} \tag{3.14}$$

由一阶条件可得地方政府 A 和地方政府 B 的反应函数分别为：

$$I_A = \frac{\alpha - \alpha\theta}{\alpha + \beta}M + \frac{\alpha\theta - \beta\gamma}{\alpha + \beta}I_B \tag{3.15}$$

$$I_B = \frac{\alpha - \alpha\theta}{\alpha + \beta}M + \frac{\alpha\theta - \beta\gamma}{\alpha + \beta}I_A \tag{3.16}$$

由式（3.15）和式（3.16）可得：

$$I_A^* = I_B^* = \frac{\alpha - \alpha\theta}{\beta + \beta\gamma + \alpha - \alpha\theta}M \tag{3.17}$$

$$K_A^* = K_B^* = \frac{\alpha - \alpha\theta}{\beta + \beta\gamma + \alpha - \alpha\theta}M \tag{3.18}$$

将式（3.17）和式（3.18）分别代入地方政府 A 和地方政府 B 的决策函数，得地方政府 A 和地方政府 B 的均衡收益为：

$$U_A^* = U_B^* = \left[\frac{\alpha - \alpha\theta}{\beta + \beta\gamma + \alpha - \alpha\theta}(1 + \gamma)M\right]^{\alpha} \left[\frac{\alpha - \alpha\theta}{\beta + \beta\gamma + \alpha - \alpha\theta}(1 - \theta)M\right]^{M} \tag{3.19}$$

上述模型的意义是：当两个同质地方政府各自追求自身利益最大化同时决策时，将导致进取型投资不足，而保护型投资过度，即均衡 $s^* =$（保护型投资，保护型投资），这意味着资源得不到优化配置。这对于解释跨行政区流域水污染中各地方政府对污染治理投资的态度无疑具有启发作用。

自利性带来的影响与结果是地方政府更加关注本行政区的经济发展速度、社会福利水平和环境状况，也更有积极性创造地方 GDP 和财政收入，而对诸如跨行政区的流域水污染治理等涉及全局或其他地区的利益则显得更为冷漠。地方政府利益的扩张必然导致中央政府和地方政府之间，以及地方政府与地方政府之间的矛盾冲突[①]，“上有政策，下有对策”及“地方保护主义”和“区域壁垒”就是政府间利益冲突显性化的表现。以长三角都市圈为例，地方政府博弈主要集中于行政区划分割导致各自为政、重复建设、产业同构、城市间恶性竞争和区域污染等五大难题上[②]。根据联合国工业发展组织国际工业研究中心提出的相似系数计算公式，上海与江苏的产业结构相似系数为0.82，上海与浙江的相似系数为0.76，而浙江与江苏的相似系数高达0.97。另一项调查表明，在苏浙沪经济圈的15个城市中，有11个城市选择汽车零配件制造，有8个城市选择石化，有12个城市选择通信产业[③]。产业结构趋同使各地比较优势难以发挥，当涉及治理污染而需要进行产业结构调整时，受利益掣肘大。

除此之外，来自其他方面的数据也证明，在过去20多年的时间里，一些政府部门逐步成为利益主体。中央党校研究室副主任周天勇教授指出，目前全国各级政府部门每年收费总收入高达8000亿元，其中有统计的预算外收费每年大约5000亿元，统计外收费收入最保守估计也有3000亿元，而这些收费大多是通过部门进行的。在部门利益的驱动下，将公共权力部门化，部门权力利益化，部门利益政策化甚至法律化，政府部门利益的形成正在成为瓦解政府超然性和公正性的一个重要力量。在许多地方，部门利益甚至成为滋生腐败的温床。学者们形象地用“一袋土豆”来形容这些地方政府，即看起来是一个政府，实际上里面是一个一个的“土豆”[④]。每个“土豆”都是一个利益板块，每个利益板块

---

① 周国雄．博弈：公共政策执行力与利益主体［M］．上海：华东师范大学出版社，2008：51－56.

② 王云儿．地方政府博弈行为与长三角一体化的制度设计研究［J］．特区经济，2008（10）：34－38.

③ 王川兰．竞争与依存中的区域合作行政——基于长江三角洲都市圈的实证研究［M］．上海：复旦大学出版社，2008：107－109.

④ 孙立平．博弈：断裂社会的利益冲突与和谐［M］．北京：社会科学文献出版社，2006：69.

都跟社会的各种利益交织在一起。学者们把这种“土豆”现象称之为诸侯经济或行政区经济[①]。

行政区的经济功能导致地方政府在利益最大化的动机驱动下对经济进行不合理的干预，使区域经济行为带有强烈的行政色彩。在内外部环境允许的情况下，这种政府行为极易演变为地方本位主义和保护主义。一旦地方刚性利益受到中央政府的宏观调控，地方不仅有抵触情绪，甚至可能从私下抵触发展到公开抗衡。作为利益主体的地方政府官员，其目标是追求地方经济利益和自身政治利益的最大化。作为理性的经济人，只有治理的行为有利于其经济利益和政治利益时，才有推进制度创新的积极性。在区域分割和地方保护的行政体制下，地方政府用地方短期利益最大化替代区域长期利益最大化，从而扼杀了进行环境治理区域合作的可能，改变了博弈各方对合作的预期，导致区域合作治理均衡的解体，这种体制的默许在一定程度上使政府的谋利行为具有了合法性。

3.5.3 公众追求利益私人化

关于人类行为的研究一直是经济学、管理学、社会学甚至是政治学的热点。自斯密提出“经济人”的假设以来，“经济人”假设就一直成为经济学和管理学研究的基本前提。“追求幸福和功利是人类的本性，个人的一切行为都是追求自身幸福，社会幸福只是个人幸福的总和，政府的义务就是促进社会的幸福，立法者的重要任务就是尽可能地增大一个国家中的幸福总量”[②]，在边沁看来，人们作出某种行为是有原因的，这个原因就是人的动机，求得最大化的快乐就是人的行为的根本动机。政治家用权，商人图财，为的是他们所各自了解的快乐。但是，马克

---

① 刘君德．中国行政区划的理论与实践［M］．上海：华东师范大学出版社，1996：25.

② 吴春华．西方政治思想史（第四卷）［M］．天津：天津人民出版社，2005：26－28.

斯·韦伯在《边际效用理论和精神物理学基本原理》阐述了一个重要观点：人的行为不仅受理性的指导，也受社会和他人的影响①，因为人的需求具有丰富性、差异性和相互竞争性，这些特点使人的行为有时并非完全合乎理性。

普林斯顿大学教授 Daniel Kahneman 在框架效应（framing effects）实验中证明，人们在作出自己行为的时候，通常表现出对损失的回避和对利益的偏好②。Daniel Kahneman 将试验者分为两组，实验情景为假定在一种流行疾病的侵袭下将有 600 人面临死亡的威胁。针对这一情景有两种方案可供选择。A 方案：将有 200 人获救；B 方案：全部获救的可能性为 1/3，而全部死亡的可能性为 2/3。实验结果是 72% 的人选择了 A 方案。然后，对第二组叙述同样的情景，同时将方案改为 C 和 D，对应的结果为：C 方案，将有 400 人死亡；D 方案，无人死亡的概率为1/3，全部死亡的概率为 2/3。这一次，78% 的人选择了 D 方案。事实上，A 方案与 C 方案，B 方案与 D 方案是等价的。从实验可以看出，受表述方式的影响，试验者作出的选择不一样，因为 A 方案的表达方式是正面的，而 B 方案则涉及负面，于是就导致了不同的反应。

Daniel Kahneman 的实验说明，人的理性受到一系列主客观条件的影响和制约，这一实验结果与新制度主义的观点相吻合。新制度主义者认为，当个人追求自己的特有目标时，其行为在一般情况下仍要服从并依赖于大体相似的基本价值。用行为主义学派斯金纳的话表示即“人不具有行为选择的自由意志”，对损失的厌恶使得地方政府及官员对污染治理成本（政治的和经济的）产生极大的抵抗情绪。

人类行为的社会生态系统使人的行为不再总是充满理性，而是遵循

---

① 白杨，童潇．对人类行为的一种可能解释——韦伯对边际效用理论的参考［J］．东方论坛，2003（2）：101－104.

② 冯东俊，林嘉志．框架效应对人类行为的法律启示［J］．科技信息，2007（12）：240－241.

集体行动的逻辑。人们通常认为"人们奋斗所争取的一切都同他的利益有关，由具有相同利益的个人所组成的集团，均有进一步扩大这种集团利益的倾向"。但实际上，公众具有分散化的特征，在排污集团的强势下面，公众显得弱小而无助，缺乏与政府和排污集团博弈的能力。为公益而起来反抗排污集团的个人面临着行动的合理性和支持力量的来源问题。也就是说，当维权行为与政府或排污集团发生冲突时，分散化的公众或维权的个人通过什么途径，以及依靠什么力量来克服政府或排污集团损害公众利益的行为而又不至于触犯法律？其他公众是否会在带头维权的个人需要自己有所行动时而有所行动？在社会分散化的状态下，带头维权的个人只能依靠自身的力量而非集团的力量来克服分散状态产生的离心倾向。

面对合法的政府和组织起来的排污集团，分散的公众在面对以公谋私或侵犯自身利益的行为时会产生不满，但却很难采取行动制止这种行为。因为他们知道抗议会得罪一些强势群体而使自己的利益受到更大的损害及不必要的麻烦，因此，在非合作的状态下最理性的选择就是期待他人为集体利益上访、抗议或保持沉默。针对这一点，奥尔森在《集体行动的逻辑》中分析道："有共同利益的个人组成的集团总是试图增进那些利益，这一点至少在涉及经济目标时被认为是理所当然的。正如单独的个人被认为是为他们的个人利益而行事，有共同利益的个人所组成的集团被认为是为他们的共同利益而行事。认为集团会采取行动维护其利益，这是建立在集团中的个人行动都是为了自身利益这一假设上的。如果一个集团中的个人从利他主义出发而不考虑他们自身的福利，他们在集体中也不大可能去追求某个自私的共同目标或集团目标。但是认为从理性和寻求自我利益的行为这一前提可以逻辑的推出集团会从自身利益出发采取行动，这种观念事实上是不正确的。如果一个集团中的所有个人在实现了集团目标后都能获利，由此也不能推出他们会采取行动以实现那一目标，即使他们都是有理性的和寻求自我利益的。实际上，除非一个集团人数很少或除非存在强制或其他某些特殊手段以使个人按照他们共同的利益行事，有理性的寻求自我利益的个人不会采取行动以实现他们共同的或集团的利益。换句话说，即使一个大集团中的所有个人都是有理性的和寻求自我利益的，而且作为一个集团，他们采取行动实现他们共同的利益或目标后都能获益，他们仍然不会自愿地采取行动以实现共同的集团的利益。认为个人组成的集团会采取行动以实现他们共同的或集团的利益，这一想法远非一个集团中的个人会有理性地增进他们的个人利益这一假设的逻辑推论。"①

如果由于某个个人活动使整个集团状况有所改善，但付出成本的个人却只能获得其行动的一个极小的份额。集团收益的公共性使集团的每一个成员都能沟通且均等地分享它，而不管他是否为之付出了成本。集团收益的这种性质促使集团的每个成员想"搭便车"而坐享其成。所以，在严格坚持经济学关于人及其行为的假定条件下，理性人不会为集团的共同利益而采取行动。

曹锦清先生在《黄河边的中国》评论道："中国农民的天然弱点在于不善合。他们只知道自己眼前利益，但看不到长远利益，更看不到在长远利益基础上形成的各农户间的共同利益。因为看不到共同利益，所以不能在平等协商的基础上建立起的各种形式的经济联合体。或说，村民间的共同利益在客观上是存在的，但在主观上并不存在。因而他们需要有一个人来替他们识别共同利益并代表他们的共同利益。当广大村落农民尚未学会自我代表，且需要别人来代表时，一切法律与民主的制度建设，只能是一层浮在水面上的油。"②

曹锦清虽然谈的是农民，但对于多数的中国公民而言，他们仍然是在小农经济基础上的村落文化上成长起来的，习惯了传统对他们行为的影响而根深蒂固。鲁迅的伟大功绩之一就是他尖锐地提出了并长期坚持

---

① ［美］曼瑟尔·奥尔森．集体行动的逻辑［M］．陈郁，郭宇峰，李崇新译．上海三联书店，1995：1-3.

② 曹锦清．黄河边的中国：一个学者对乡村社会的观察与思考［M］．上海：上海文艺出版社，2000：167.

对所谓中国“国民性”问题的批判和探究。他批判“阿Q精神”，揭露和斥责那种种麻木不仁、封闭自守、息事宁人、奴隶主义、满足于贫困、因循、“道德”“精神文明”之中……这些都不只是某个统治阶级的阶级性，而是在特定社会条件和阶级统治下，具有极大普遍性的民族性格和心理状态的问题、缺点和弱点。[①]

民众尽管没有固定的脸谱，却始终是理性的趋利避害集团。他们没有永恒的朋友，也没有永恒的敌人，只有自己的利益是永恒的，而这个利益的安排和变动又可以在合法制度的特征中得到解释。英雄的出现改变了利害计算，顺民发现“搭便车”闹事风险不大，才作出了有针对性的抵抗行为，对公共性的懈怠是“庶人的暗器”[②]。因此，在面对制造污染的企业——地方政府的宠儿和经济支柱，环保案的判决和执行由于受到地方政府的压力和干扰，以及公众能力不足等因素影响而往往不了了之。

3.6　本章小结

一般行为规则最终被人们接受，不是通过统治者的指令而是通过人们的预期赖以建立和发展，制度的建立必须与传统的或现有的习俗相一致并相互支持。本章通过对府际博弈的机理分析，分析了为何在跨行政区流域水污染这类外部性问题的治理上，政府间难以形成合作。在奥尔森的意义上，也即说明为什么大的集团比小的集团更难以形成集体行动，博弈规则的失效总是使博弈均衡朝着不利于事务处理的方向发展。事实上，由于制度不适应性和信息不对称，博弈参与人之间的利益冲突难以协调而导致的行动困境和公地悲剧广泛存在。这给我们提出的问题

① 李泽厚．中国思想史论（上）［M］．安徽文艺出版社，1999：42.
② 吴思．血酬定律：中国历史中的生存游戏［M］．北京：语文出版社，2003：127.

是如何使制度的设计更加符合中国的国情，以提高制度的有效性和执行力。既然制度是博弈的规则，那么就有必要而且必须考虑参与人的相互作用对制度的影响，当所有参与人的预期一致或某一部分参与人的预期能在全部参与人中占据主导地位时，就能达到均衡，从而形成稳定的制度安排，而不能形成一种稳定的预期和行之有效的规则，无疑是中国流域生态环境恶化的重要原因。

第4章　跨行政区流域水污染的府际博弈模型

建立模型是为了使分析更具有科学的基础。本章运用博弈理论建立跨行政区流域水污染的府际博弈模型，对中央政府与地方政府、地方政府与地方政府间的不同博弈类型进行分析，并对博弈的均衡进行求解和分析。

4.1　中央政府和地方政府的博弈

4.1.1　中央政府和地方政府的政策监管博弈

博弈的标准式表述有三个要素：参与人、每个参与人可选择的战略和支付函数。为简化分析，首先考虑完全信息下的静态博弈。原则上政策博弈包括中央政府与地方政府的博弈，也包括地方政府上下级间的博弈。本节仅就跨行政区流域水污染治理的中央政府与地方政府的博弈进行分析，但因为中央政府和地方政府的博弈在博弈结构和行为决策的特点上与地方政府上下级之间的博弈极为相似。因此，在理解上我们将二者的性质作等同处理。在博弈模型中我们作如下假设：

（1）假设存在两个参与人：中央政府和地方政府，$i=1, 2$；

（2）中央和地方都是理性“经济人”，以自身效用的最大化为行为准则；

（3）中央和地方的策略选择分别为检查或不检查和治理或不治理，且当中央选择检查时就能发现地方政府是选择了治理还是不治理。

为进一步研究两者行为和关系的相互影响，作进一步的参数假设：

（1）C_S 为中央的检查成本；

（2）C_L 为地方的执行成本，其中地方政府的治理成本 $C = f(V, E/I, G, P_2)$；

（3）B 为地方不执行而受到的中央的处罚（包括经济的和政治的）；

（4）π 为地方政府选择执行时的收益，φ 为地方政府选择不治理且中央政府不检查时的收益，且从短期看 $\pi < C_L < \varphi$；

（5）ν 为地方政府执行带给中央政府的收益；

（6）C_S、C_L、B、π、φ、ν 为常数。

据以上假设，构建中央和地方在流域水污染治理中的博弈矩阵，见表4.1。

表4.1　　　　流域水污染治理中中央和地方的博弈矩阵

中央政府	地方政府	
	执行	不执行
检查	$\nu - C_S, \pi - C_L$	$B - C_S, -B$
不检查	$\nu, \quad \pi - C_L$	$0, \varphi$

假定 λ 为中央政府检查的概率，γ 为地方政府执行的概率。给定 γ，中央政府检查（$\lambda = 1$）和不检查（$\lambda = 0$）的期望收益分别为：

$$\begin{aligned} u_S(1,\gamma) &= (\nu - C_S)\gamma + (B - C_S)(1 - \gamma) \\ &= \nu\gamma - C_S\gamma + B - B\gamma - C_S + C_S\gamma \\ &= B - C_S + (\nu - B)\gamma \end{aligned} \tag{4.1}$$

$$u_S(0,\gamma) = \nu\gamma + 0(1 - \gamma) = \nu\gamma \tag{4.2}$$

解 $\pi_S(1,\gamma) = \pi_S(0,\gamma)$，得 $\gamma * = B - C_S/B$。$\gamma *$ 表示如果地方

政府执行的概率小于 $B - C_S/B$，中央政府的最优选择是检查；如果地方政府执行的概率大于 $B - C_S/B$，中央政府的最优选择是不检查；如果地方政府执行的概率等于 $B - C_S/B$，中央政府的随机的选择检查或不检查。

给定 λ，地方政府选择执行（$\gamma = 1$）和不执行（$\gamma = 0$）的期望收益分别为：

$$
\begin{aligned}
u_L(\lambda,1) &= (\pi - C_L)\lambda + (\pi - C_L)(1 - \lambda) \\
&= \pi\lambda - C_L\lambda + \pi - \pi\lambda - C_L + C_L\lambda \\
&= \pi - C_L
\end{aligned}
\tag{4.3}
$$

$$
\begin{aligned}
u_L(\lambda,0) &= -B\lambda + \varphi(1 - \lambda) \\
&= -(\varphi + B)\lambda + \varphi
\end{aligned}
\tag{4.4}
$$

解 $\pi_L(\lambda,1) = \pi_L(\lambda,0)$，得 $\lambda^* = \varphi + C_L - \pi/\varphi + B$。$\lambda^*$ 表示如果中央政府检查的概率小于 $\varphi + C_L - \pi/\varphi + B$，地方政府的最优选择是不执行；如果中央政府检查的概率大于 $\varphi + C_L - \pi/\varphi + B$，地方政府的最优选择是执行；如果中央政府检查的概率等于 $\varphi + C_L - \pi/\varphi + B$，地方政府的随机的选择执行或不执行。

因此，此时的混合战略纳什均衡是：$\lambda^* = \varphi + C_L - \pi/\varphi + B$，$\gamma^* = B - C_S/B$，即中央以 $\varphi + C_L - \pi/\varphi + B$ 的概率检查，地方以 $B - C_S/B$ 的概率执行。从均衡可以看出，地方政府执行的概率与中央政府的监管成本成反比，当中央政府的监管成本越高时，地方政府越有可能不执行中央政府的政策；与中央政府对地方政府的处罚成反比，处罚越大时地方政府执行中央政府的政策的概率就越大。

上述分析的是完全信息静态博弈，尽管完全信息博弈也能很好地解释在流域水污染中个人和组织的行为，如囚徒困境模型，但很多时候，我们并不能对竞争对手的信息有完全的了解。基于委托—代理理论可知，地方政府对中央政府的信息掌握也是不完全的，反之亦然。因此，在实际中，参与人更多地只是掌握了对方的部分信息，而非全部信息。

在不完全信息静态博弈中，我们引入一个虚拟参与人——“自然”(nature)，自然首先决定参与人——中央政府和地方政府的特征，参与人知道自己的特征，而其他参与人不知道。我们将一个参与人所拥有的所有私人信息称为他的类型（type），类型是参与人个人特征的一个完备描述，由支付函数决定。参与人的类型决定其行动，或者说参与人的行动空间是类型依存的（type-contingent）。为研究方便，用 θ_i 表示参与人 i 的一个特定类型，Θ_i 表示参与人 i 所有可能类型的集合（$\theta_i \in \Theta_i$）。假定 $\{\theta_i\}_{i=1}^n$ 取自客观分布函数 $P(\theta_1, \cdots, \theta_n)$，且其为所有人的共同知识。

为分析方便，用 $\theta_{-i} = (\theta_1, \cdots, \theta_{i-1}, \theta_{i+1}, \cdots, \theta_n)$ 除 i 之外的所有参与人类型的集合，$p_i(\theta_{-i} \mid \theta_i)$ 为参与人 i 的条件概率，即给定参与人 i 属于类型的条件下，他有关其他参与人属于的概率，即条件概率：

$$p_i(\theta_{-i} \mid \theta_i) = \frac{p(\theta_{-i}, \theta_i)}{p(\theta_i)} = \frac{p(\theta_{-i}, \theta_i)}{\sum\limits_{-i \in \Theta_{-i}}^{n} p(\theta_{-i}, \theta_i)} \tag{4.5}$$

假定参与人的类型分布是独立的，$p_i(\theta_{-i} \mid \theta_i) = p(\theta_{-i})$。为分析中央政府和地方政府在贝叶斯静态博弈中的均衡，先来分析参与人的战略空间和支付函数。由于在博弈中，参与人的行动与他的类型有关，我们用 $A_i(\theta_i)$ 表示参与人 i 的类型依存空间，$a_i(\theta_i) \in A_i(\theta_i)$ 表示 i 的一个特定行动，参与人的类型依存支付函数为 $u_i(a_i, a_{-i}; \theta_i)$。

假定中央政府和地方政府的博弈按如下的时间顺序进行：（1）自然首先选择中央政府和地方政府的类型向量 $\theta = (\theta_1, \cdots, \theta_n)$，其中 $\theta_i \in \Theta_i$，参与人 i 观测到 θ_i，但参与人 $j(\neq i)$ 只知道 $p_j(\theta_{-j} \mid \theta_j)$，观测不到 θ_i；(2) 假定中央政府不检查而地方政府选择执行时，中央政府的收益是 θ_S，而当中央不检查时，地方政府不执行的收益为 $\varphi + \theta_L$；（3）中央政府和地方政府同时选择行动 $a = (a_1, \cdots, a_n)$，其中 $a_i \in A_i(\theta_i)$，且根据贝叶斯法则，中央政府如果检查的话就能够根据水质信息判定地方政府是否在上期行动中选择了执行；（4）参与人 i 得到 $u_i(a_i, \cdots, a_n;$

θ_i）。根据上述条件，构造出如下博弈矩阵：

表4.2　　　　不完全信息条件下的中央和地方博弈矩阵

中央政府	地方政府	
	执行	不执行
检查	$\nu - C_S$，$\pi - C_L$	$B - C_S$，$-B$
不检查	$\nu + \theta_S$，$\pi - C_L$	$0, \varphi + \theta_L$

根据上述博弈矩阵，我们构造一个贝叶斯均衡：假定存在一个 θ_S^* $\in [0,x]$ 和一个 $\theta_L^* \in [0,x]$，如果 $\theta_S \geqslant \theta_S^*$，中央政府选择不检查；如果 $\theta_L \geqslant \theta_L^*$，地方政府选择不执行。此时，中央政府选择不检查的概率是 $1 - \theta_S^*/x$，地方政府选择不执行的概率是 $1 - \theta_L^*/x$，求 θ_S^* 和 θ_L^* 的值。

给定中央政府的选择，则地方政府选择执行（1）和不执行（0）的期望收益分别为：

$$u_L(1) = (1 - \frac{\theta_S^*}{x})(\pi - C_L) + \frac{\theta_S^*}{x}(\pi - C_L)$$
$$= \pi - C_L \tag{4.6}$$

$$u_L(0) = (1 - \frac{\theta_S^*}{x})(-B) + \frac{\theta_S^*}{x}(\varphi + \theta_L)$$
$$= -B + \frac{(B + \varphi)}{x}\theta_S^* + \frac{\theta_S^* \theta_L}{x} \tag{4.7}$$

根据博弈规则，θ_L^* 满足如下条件：

$$\pi - C_L = -B + \frac{(B + \varphi)}{x}\theta_S^* + \frac{\theta_S^* \theta_L^*}{x} \tag{4.8}$$

式（4.8）可化简为：

$$\theta_S^* \theta_L^* + (\varphi + B)\theta_S^* - (\pi + B - C_L)x = 0 \tag{4.9}$$

因为博弈是对称的，在均衡条件下，$\theta_L^* = \theta_S^*$ 。因此式（4.9）可化为：

$$(\theta_S^*)^2 + (\varphi + B)\theta_S^* - (\pi + B - C_L)x = 0 \tag{4.10}$$

解式（4.10）二元一次方程得：

$$\theta_S^* = \frac{-(\varphi + B) \pm \sqrt{(\varphi + B)^2 + 4(\pi + B - C_L)x}}{2} \tag{4.11}$$

因为 $\theta_S^* \in [0,x]$ ，所以

$$\theta_S^* = \frac{-(\varphi + B) + \sqrt{(\varphi + B)^2 + 4(\pi + B - C_L)x}}{2} \tag{4.12}$$

在不完全信息条件下，中央政府认为地方政府不执行和地方政府认为中央政府不检查的概率均为 $1 + \frac{(\varphi + B) - \sqrt{(\varphi + B)^2 + 4(\pi + B - C_L)x}}{2x}$ 。当 $x \to 0$ 时，中央选择不检查的概率 $1 - \theta_S^*/x \to 1$ ，地方政府选择不执行概率 $1 - \theta_L^*/x \to 1$ ，即双方博弈的均衡为（不检查，不执行）。上述均衡说明，在不完全信息条件下跨行政区流域水污染治理的囚徒困境，是一个典型的公地悲剧。

以上我们考虑了在完全和不完全信息条件下中央政府和地方政府的政策监管博弈。在以上的模型中，我们分别将中央政府的和地方政府在博弈中的行动简化为｛检查，不检查｝和｛执行，不执行｝。实际上，现实中的博弈参与人的可供选择的行动可能不是非此即彼。如地方政府在执行和不执行之外，可以选择部分执行，即地方政府不是完全不执行中央的政策，也不是完全执行中央的政策，而是选择部分执行。同样，中央政府也可能在某些时刻加大检查力度。为此，中央政府和地方政府的行动集合就可以分别扩展为｛严格检查，检查，不检查｝及｛执行，部分执行，不执行｝。为便于与“严格检查”和“部分执行”比较，我们分别将中央政府的“检查”记为“一般检查”，将地方政府的“执行”记为“完全执行”。为分析在扩展行动集

合中中央政府和地方政府的博弈均衡，在前文的基础上，我们对博弈作如下假设：

(1) 中央政府和地方政府分别有如上三个可供选择的行动。

(2) α 为中央政府对地方政府选择部分执行时的处罚系数，β 为地方政府的执行系数（即执行多少问题），且地方政府执行的收益和执行成本与 β 相关，δ 为当地方政府选择部分执行时带给中央政府的效益系数（假设地方政府执行 80% 与执行 20% 带给中央政府的效益不一样），其中 $0 < \alpha,\beta,\delta < 1$。

(3) B 为地方不执行或部分执行时而受到的中央的处罚（包括经济的和政治的），当中央政府选择严格检查时，中央政府对地方政府不执行的行为将加大处罚力度，处罚力度我们设定为 $2B$，且 $2B > C_S$；且当中央政府选择严格检查时，中央政府对地方政府选择部分执行的处罚额度大于检查成本。

根据以上分析，构建扩展行动中的中央和政府的博弈支付矩阵，见表4.3。

表 4.3　　扩展行动中的中央政府和地方政府的博弈支付矩阵

中央政府	地方政府		
	完全执行	部分执行	不执行
严格检查	$\nu - C_S$，$\pi - C_L$	$2\alpha B + \delta\nu - C_S$，$\beta\pi - \beta C_L - 2\alpha B$	$2B - C_S$，$-2B$
一般检查	$\nu - C_S$，$\pi - C_L$	$\alpha B + \delta\nu - C_S$，$\beta\pi - \beta C_L - \alpha B$	$B - C_S$，$-B$
不检查	ν，$\pi - C_L$	$\delta\nu$，$\beta\pi - \beta C_L$	0，0

根据表4.3可知，给定地方政府的战略，则当地方政府“完全执行”，中央政府的最优战略是“不检查”；当地方政府“部分执行”时，中央政府的最优战略是“严格检查”；当地方政府“不执行”时，中央政府的最优战略是“严格检查”，所以一般检查是中央政府“劣战略”，“劣战略”被理性的中央政府剔除。同样我们可以发现，博弈均衡最终取决于成本与收益的比较，而这又与中央政府对地方政府的处罚系数 α

和地方政府执行的成本系数 β 有关。这一结论与扩展前的结论是一致的，说明在“一对一”的博弈中，中央和地方的政策监管博弈分析是有效的。

更进一步，如果概率是均匀分布的，中央政府是选择“严格检查”还是选择“不检查”取决于二者整体收益的比较：如果 $2B(\alpha+1)-3C_S+(1+\delta)\nu>(1+\delta)\nu$，即当 $B>\frac{3}{2(\alpha+1)}C_S$ 时，中央政府选择“严格检查”。由于 $0<\alpha<1$，当 $\frac{3}{4}C_S<B<C_S$ 时，中央政府选择“严格检查”，否则中央政府选择“不检查”。当中央政府选择“不检查”时，地方政府的最佳策略是“不执行”。当中央政府选择严格检查时，理性的地方政府将剔除严格劣战略“不执行”，但地方政府是选择“完全执行”还是“部分执行”取决于 $\pi-C_L$ 与 $\beta\pi-\beta C_L-2\alpha B$ 的比较：当 $B>\frac{(1-\beta)(C_L-\pi)}{2\alpha}$ 时，地方政府选择“完全执行”；当 $B<\frac{(1-\beta)(C_L-\pi)}{2\alpha}$ 时，地方政府选择“部分执行”。博弈结果说明当中央政府加大检查和处罚力度时，博弈均衡将发生改变。需要说明的是地方政府部分执行的范围可大可小（如地方政府可以执行20%或50%，也可以执行80%或90%），视中央政府检查和处罚等客观情况的不同，地方政府将选择不同程度的执行。

结论：中央政府和地方政府的政策监管博弈表明，在完全信息静态博弈下，地方政府是否执行中央政府治理水污染政策的概率与中央政府的监管成本成负相关；与中央政府对地方政府的处罚呈正相关。实际中，受信息不对称的影响，上述的完全信息并不可能发生。因此，中央政府和地方政府的博弈只能是不完全信息的。在不完全信息的静态博弈中，我们发现，中央政府和地方政府的贝叶斯均衡趋向于（不检查，不执行），均衡表明受信息获得性的制约，中央政府很难对地方政府的行为进行有效的规制，这也是中央“鞭长莫及”的理论证明，这一点在科层制的层级结构中被进一步地强化——层级越多越不利于中央进行治理。在扩展行动中的中央政府和地方政府政策博弈中，博弈均衡与中央政府对地方政府的处罚系数 α 和地方政府执行的成本系数 β 有关。

从总体上说，上述模型能很好地描述和解释中央政府和地方政府在流域水污染治理中的行为和互动关系，但在模型中有两个因素没有考虑，那就是地方政府联合对抗中央政府和合法性问题。

对地方政府而言，由于地方政府具有一些共同的利益基础，因此它们有可能在污染治理中达成一致，联合起来和中央政府进行谈判。此时，中央政府面临的是一个地方政府集团，由此博弈结构和各自的收益函数将可能发生改变，而这恰恰也是当前环境治理制度得不到彻底和有效贯彻的原因。因此，本书将地方政府作为一个整体进行研究，更确切地说是将流域沿岸的地方政府作为一个特殊的集团与中央政府进行博弈，而不去考虑 n 个地方政府形成联盟与中央政府进行博弈的情形。基于此，我们将 n 个地方政府抽象成一个整体，这不仅大大简化了分析，而且也不失流域治理中地方政府行为的特征，具有合理性。不同的是，由于流域上下游或左右岸地方政府在具体的利益诉求方面不尽一致，因此如果流域沿岸地方政府形成联盟，那么处于不同地理位置的地方政府在联盟中的收益分配可能有所差别。如果这种利益能够得到妥善处理，那么在无外界压力的情况下，联盟将可能维系；如果利益分配不均或受外界压力，联盟将可能瓦解。在后文中，我们将对地方政府在跨行政区流域水污染治理中由于利益得不到协调而导致的矛盾和冲突进行更详细的分析。

对于合法性而言，我们知道任何政治统治的存在都必须以公民的认可和接受为前提，即具有合法性。合法性是政府存在的前提，它关系到一个政权的存续，是一国政治统治成败的关键。合法性在这里的意义是，如果环境被过度污染以至于威胁到公民的人身和财产安全，它就将引起公民的抵抗。如果这种局面不能被改善，那么这种抵抗就将被激化，现实中因环境问题而引起的群体性事件正是这种矛盾激化的表现。中央政府为获得持续的合法性，必然不能让形势恶化。因此，在群体性环境事件或重大环境问题发生后，中央政府必然追究地方政府的责任，而地方政府的相关领导和部门负责人被免职就是理所当然的结果。当然，中央政府还有一个帕累托更优的选择，那就是在环境问题发生以前发动“整治风暴”，环保部的“零点行动”即是一个很好的证明。“零点行动”的政治经济学意义在于它既避免了相关政府或部门负责人被问责，又在一定程度上保障了公民的人身和财产安全，获得了其更为关键和根本的合法性基础。

4.1.2 中央政府和地方政府的信号传递博弈

信息是博弈的一个关键要素。现实生活中，由于信息的不完全性，因此很多时候参与人只能依靠收集到的信息来判断其他参与人的类型。博弈是一种相机行动的决策方案，为了避免自身的真实类型被其他参与人识别，参与人有可能发出一些虚假的信号以蒙蔽其他参与人，因此信号的传递和甄别对每一个参与人都极其重要，也是博弈模型建构的主要方面。非对称信息导致逆向选择而使帕累托最优无法实现，根据委托—代理理论，地方政府是中央政府的代理人，拥有私人信息。在信号传递博弈中，地方政府首先选择行动，将自身的信号传递出去，中央政府根据自身接收到的信号选择行动。假设在信号传递博弈中存在地方政府和中央政府两个参与人，即 $i = 1,2$；地方政府是参与人 1，称为信号发送者，用 L 表示；中央政府是参与人 2，称为信号接受者，用 S 表示。地方政府的类型是私人信息，中央政府的类型是公共信息。地方政府和中央政府的关系可以看成是一个 2×2 的声明博弈，根据信号传递博弈的表示方法，对博弈顺序作如下描述：

(1) 自然首先选择 L 的类型 θ，假设 L 的类型分为两种：严格执行中央政策者，敷衍执行中央政策者。L 知道自身的类型，但 S 不知道，只知道 L 属于 θ 的先验概率 $p = p(\theta)$ ，其中严格执行的概率记为 $p(\theta_1)$ ，敷衍执行的概率记为 $1 - p(\theta_1)$ ，$p(\theta_1) + p(\theta_2) = 1$ 。严格执行者成本用 C_E 表示，敷衍执行者成本用 C_F 表示，其中敷衍执行者为掩盖其类型支付的掩盖成本记为 e 。根据 Spence-Mirrless condition，我们构造一个假定：严格执行中央政策者的执行成本低于敷衍执行者的执行成本（一心一意做事的效率总比三心二意做事的效率高）。这一点可以理解为敷衍执行者需要额外的付出掩盖成本 e ；且严格执行者的界面水质高于敷衍执行者的界面水质，界面水质用 q 表示，$q = 1$ 表示界面水质达标，$q = 0$ 表示界面水质不达标。中央根据观察到的 q 决定是给予奖励或处罚。

（2）参与人 L 在观察到类型 θ 后发出信号 m ，$m \in M, M = (m_1, m_2, \cdots, m_n)$ 是信号空间。地方政府了解自身的真实类型 θ ，但它会根据现实环境选择一种类型向中央政府声明，记为 θ_j ：如果 $\theta_i = \theta_j$ ，说明地方政府声明的类型与自身的真实类型相符；如果 $\theta_i \neq \theta_j$ ，说明地方政府的执行情况与声明不一致。

（3）参与人 S 在观察到参与人 L 发出的信号后，根据贝叶斯法则修正先验概率 $p = p(\theta)$ ，在得到后验概率 γ 后选择行动。假设中央的行动也分为两种：对严格执行政策者给予奖励（ a_1 ），对敷衍执行者给予处罚（ a_1 ），奖励和处罚的成本分别记为 S_R 和 S_P 。

（4）支付函数分别用 $u_s(m, a, \theta)$ 和 $u_l(m, a, \theta)$ 表示。

在非对称信息下，中央只能观测到界面水质而不能观测到地方政府的类型。假定 $\gamma(\theta = 1 \mid q)$ 为中央观察到 q 时认为地方政府是严格执行者的后验概率。此时的精炼贝叶斯均衡意味着地方政府选择治理水平（反映在界面水质上）$q(\theta)$ ，中央根据观察到的 q 得出 $\gamma(\theta = 1 \mid q)$ ，然后选择给予奖励 a_1 。

综上分析，博弈的均衡是什么呢？根据信号传递博弈，均衡可能是分离均衡，也可能是混同均衡。分离均衡意味着不同类型的地方政府发出不同的信号，严格执行型地方政府将声明自己是严格执行中央政策的，敷衍执行型地方政府将声明自己是敷衍执行的。

$$(SE)\text{分离均衡}:\begin{cases}q(\theta=0)=0,q(\theta=1)=1\\u_s(0)=SP,u_s(1)=S_R\\u_l(0)=0,u_s(1)=C_E\end{cases} \tag{4.13}$$

在分离均衡下，由于信号传递者——地方政府发出了真实的信息，中央政府能够根据信息作出清晰的判断和赏罚分明的决策，因此这种均衡是一种最有效率的均衡。但是，由于发出真实类型的信号不符合敷衍执行者的理性，因此在现实生活中这种均衡不太容易存在，从中我们可以理解为什么像包青天和海瑞这样的人物很少出现的原因。

在分离均衡外还有混同均衡，混同均衡意味着不同类型的地方政府可能选择相同的执行情况，以此获得相同的奖励。假定 $q(\theta)\equiv1$ 的情况：

$$(PE)\text{混同均衡}:\begin{cases}q(\theta=1)=q(\theta=0)=1\\u_s(1)=u_s(0)=S_R-C_E\\u_l(0)=S_R-C_F-e\\u_l(1)=S_R-C_E\end{cases} \tag{4.14}$$

这种混同均衡是无效率的，因为在混同均衡中传递虚假信息的地方政府大量存在，使得其自身信息已不能传递其真实的类型。当地方政府声明其为 θ_1 时，中央政府将根据判断以 S_R 作为奖励，但不同类型的地方政府可能选择相同的声明，当掩盖成本 e 很小时，大量欺上瞒下的行为就将出现，迫使中央政府不得不根据贝叶斯法则修正先验概率；当地方政府声明自身的类型为 θ_2 时，则中央政府根据事先的规则以 S_P 作为处罚。

还有一种混同均衡以部分混同均衡的形式存在，即当地方政府的类型是 θ_2 时，由于中央政府也是理性的，当中央政府根据贝叶斯法则修正先验判断时，敷衍执行的地方政府很可能会露出真相。迫于中央政府的

“坦白从宽，抗拒从严”的策略，地方政府可能以δ的概率声明自己是严格执行者，而以$1-\delta$的概率声明自己是敷衍执行者，并同时尽可能地向中央政府解释“不得不”敷衍执行的原因，如可能以地方就业、经济发展、社会稳定和历史原因作为借口，这种类型的地方政府虽可能不是集体存在，但也绝不会是特例。在此情况下，根据贝叶斯法则和地方政府的策略，中央政府的判断为：

$$p(\theta_2 \mid \theta_1) = \frac{p(\theta_2)\delta}{p(\theta_2)\delta + p(\theta_1)} \tag{4.15}$$

$$p(\theta_1 \mid \theta_1) = 1 - p(\theta_2 \mid \theta_1) \tag{4.16}$$

中央政府根据自身的策略和后验概率，其理性策略为：

$$W(a_i) = \begin{cases} \dfrac{p(\theta_1)}{(1-\delta)p(\theta_1)+\delta}S_R + \dfrac{\delta(1-p(\theta_1))}{(1-\delta)p(\theta_1)+\delta}S_P \\ a_1 = \theta_1 \\ a_2 = \theta_2 \end{cases} \tag{4.17}$$

上述均衡为完美贝叶斯均衡。在这种情况下，由于部分地方政府选择了发送虚假信号，给整体的社会福利带来了损失，社会整体最优的结果取决于δ的大小：当$\delta \to 0$时，说明越来越多的地方政府选择声明自身的真实类型，均衡向分离的方向发展；当$\delta \to 1$时，说明越来越多的地方政府隐瞒自身的真实类型，均衡向完全混同均衡的方向发展。

结论：本节继续围绕信息这一博弈的关键要素进行，分析了中央政府和地方政府在信号传递博弈中的均衡。信号传递博弈的分离均衡说明，无论是严格执行型的地方政府，还是敷衍执行型的地方政府，他们都将发出真实的类型信息，中央政府能够根据地方政府发出的信息作出清晰的判断和赏罚分明的决策。但实际上，在缺乏激励机制的前提下，分离均衡难以发生，因为一旦敷衍执行型的地方政府发出了真实的类型信息，就意味着它将要受到处罚。因此，它不符合参与人的理性。在混同均衡中，严格执行型地方政府和敷衍执行型地方政府都有可能选择相同的执行情况。这时传递虚假信息的地方政府将大量存在，帕累托无效率也将产生。鉴于此，理性的中央政府为避免被过度欺蒙，不得不根据贝叶斯法则修正先验概率以更好地识别地方政府的类型。这时，混同均衡向部分混同均衡的方向发展，即敷衍执行型的地方政府将以 δ 的概率声明自己是严格执行者，而以 $1-\delta$ 的概率声明自己是敷衍执行者，以规避中央政府追究“欺上瞒下”责任的风险。从理论上说，这应该是最符合现实的均衡，也证明了“坦白从宽，抗拒从严”政策的有效性和科学性。这也就是说，有些违法犯罪的嫌疑人将选择自首，而并非所有的嫌疑人都会选择自首。以中纪委发布的“反腐大限”为例，2007 年 5 月 29 日中纪委印发《中共中央纪委关于严格禁止利用职务上的便利谋取不正当利益的若干规定》，要求有“以交易形式收受财物”行为的国家工作人员中的共产党员，在 6 月 29 日前主动说清问题的，可考虑从宽处理。在距“反腐大限”临近的时候，河南省有 979 人主动说明问题，并上交违纪款 821 万元。这一事例说明，面对中央政府的威严，有部分官员但非所有官员会选择坦白。

4.2 地方政府之间的博弈

地方政府行为深嵌于中央与地方，以及地方与地方的条块结合的复杂的府际关系网络中，并受制于国家宏观环境和制度安排。在地方政府间博弈中，地方政府所谋求的利益是一个综合性的动态利益。作为地方政府首先要考虑的是其政治利益，只有在提高地方政府政治利益至少是不损害的前提下才会谈及经济利益和社会利益，这是一切其他利益所依附的载体。在体制转轨过程中，地方政府已经日渐成为地方经济社会利益的代言人，为了追求本地经济发展，地方政府必然会不惜一切代价发展本地经济，主要表现为争项目、争资金、争政策、税收减免、财政补贴等，这样就会导致越来越多的地区参与到相互之间的博弈中来。在跨行政区流域水污染治理中地方政府之间进行博弈选择的策略集合是集体理性选择和决策的均衡结果，是博弈方相互作用和相互影响后作出的选择。在研究中，地方政府之间的博弈主体——地方政府，具体是指不具有行政隶属关系的流域上下游或左右岸的地方政府，它们可能隶属于同一个上级行政区（如同一省级行政区内各市县级行政区之间），也可能不隶属于同一个上级行政区（如浙江省和江苏省），甚至参与博弈的地方政府在行政层级上也不一定处于同一行政级别（如省与省），也可以是不具有隶属关系的不同行政级别的地方政府（如江苏省的某一个县与上海市之间也有存在博弈的可能）。

4.2.1　地方政府流域水污染治理自愿供给博弈

一般而言，一个流域是跨多个行政区的，每个行政区为流域治理所作的努力是不一样的。这种差异会给整个流域生态带来怎样的影响呢（本小节参考张维迎公共物品的私人自愿供给的一般性理论，结合流域水污染的跨行政区特征而设计）？设流域沿岸共有 n 个行政区，其中第 i 个行政区的投入为 g_i ，总投入为 $G = \sum_{i=1}^{n} g_i$ 。假定行政区 i 的效用函数为 $u_i(x_i,G)$ ，x_i 是行政区用于流域治理的物品消费量。假定 $\partial\mu_i/\partial x_i > 0, \partial\mu_i/\partial G > 0$ ，且行政区私人物品与公共物品之间的边际替代率递减。设 P_X 为行政区用于流域治理的物品的价格，P_G 为治理的投入，M_i 为行政区预算总收入。此时，每个行政区面临的问题是在给定其他行政区选择的情况下，选择自己的最优战略 (x_i,g_i) ，使自己的目标函数：$L_i = u_i(x_i,G) + \lambda(M_i - p_i x_i - p_G g_i)$ 最大化，λ 为拉格朗日乘数。

最优化的一阶条件为：

$$\frac{\partial u_i}{\partial G} - \lambda p_G = 0$$
$$\frac{\partial u_i}{\delta x} - \lambda p_x = 0 \tag{4.18}$$

因此，

$$\frac{\partial u_i / \partial G}{\partial u_i / \partial x_i} = \frac{p_G}{p_x}, i = 1,2,\cdots,n \tag{4.19}$$

根据消费者均衡的一般条件可知式（4.19）就是消费者均衡条件，每个行政区购买的流域公共产品和私人物品一样，假定其他人的选择给定。n 个均衡条件决定了流域公共物品由各行政区资源供给的纳什均衡：

$$g^* = (g_1^*,\cdots,g_i^*,\cdots,g_n^*), G^* = \sum_{i=1}^{n} g_i^* \tag{4.20}$$

此时，帕累托的最优解是什么呢？假定社会福利函数为：

$$W = \varphi_1 u_1 + \cdots + \varphi_i u_i + \cdots + \varphi_n u_n, \varphi_i \geqslant 0 \tag{4.21}$$

总预算约束为：

$$\sum_{i=1}^{n} M_i = p_x \sum_{i=1}^{n} x_i + p_G G \tag{4.22}$$

帕累托最优化一阶条件为：

$$\sum_{i=1}^{n} \varphi_i \frac{\partial u_i}{\partial G} - \lambda p_G = 0$$
$$\varphi_i \frac{\partial u_i}{\partial x_i} - \lambda p_x = 0, i = 1,2,\cdots,n \tag{4.23}$$

其中，λ 为拉格朗日乘数，消除 φ_i，得到帕累托最优的萨缪尔森均衡条件：

$$\sum \frac{\partial u_i/\partial G}{\partial u_i/\partial x_i} = \frac{p_G}{p_x} \tag{4.24}$$

尽管个人最优选择导致个人边际替代率等于价格比率，帕累托最优要求所有行政区的边际替代率之和等于价格比率。因此，帕累托最优的均衡条件可写为：

$$\frac{\partial u_j/\partial G}{\partial u_j/\partial x_j} = \frac{p_G}{p_x} - \sum_{i \neq j} \frac{\partial u_i/\partial G}{\partial u_i/\partial x_i} \tag{4.25}$$

式（4.25）表明，帕累托最优的流域公共产品供给大于纳什均衡的公共产品供给。假定各行政区的效用函数取柯布—道格拉斯形式，则各行政区的最优均衡条件为：

$$\frac{\beta x_i^{\alpha} G^{\beta-1}}{\alpha x_i^{\alpha-1} G^{\beta}} = \frac{p_G}{p_x} \tag{4.26}$$

将预算约束条件代入各行政区的最优均衡条件得各自的反应函数：

$$g_i^* = \frac{\beta M_i}{(\alpha+\beta)p_G} - \frac{\alpha}{(\alpha+\beta)} \sum_{j \neq i} g_j, i = 1,2,\cdots,n \tag{4.27}$$

反应函数式（4.27）意味着，如果一个行政区相信其他提供的流域公共物品（对污染进行治理）越多，它自己供给的就越少。

在同质化（各行政区的经济社会条件和偏好相同）的情况下，均衡情况下的各行政区提供的公共产品相同，因此博弈的纳什均衡为：

$$g_i^* = ng^{**} = \frac{n\beta M}{(\alpha+\beta)p_G}, i = 1,2,\cdots,n \tag{4.28}$$

纳什均衡的总供给为：

$$G^* = ng^* = \frac{n\beta M}{(n\alpha+\beta)p_G} \tag{4.29}$$

在所有行政区同质的情况下，帕累托最优一阶条件为：

$$\frac{n\beta x_i^{\alpha} G^{\beta-1}}{\alpha x_i^{\alpha-1} G^{\beta}} = \frac{p_G}{p_x} \tag{4.30}$$

将预算约束代入帕累托最优一阶条件，得到单个行政区的帕累托最优供给：

$$g_i^{**} = \frac{\beta M}{(\alpha + \beta) p_G} \tag{4.31}$$

则流域公共品帕累托最优的总供给为：

$$G^{**} = n g_i^{**} = \frac{n\beta M}{(\alpha + \beta) p_G}, n = 1, 2, \cdots, n \tag{4.32}$$

结论：比较流域纳什均衡的总供给和帕累托最优的总供给，我们可以发现流域纳什均衡的总供给要小于帕累托最优的总供给，也就是说在均衡条件下，流域公共物品的自愿供给是不足的，且纳什均衡供给与帕累托最优供给之间的差异随流域沿岸行政区的增加而扩大。

4.2.2 承诺行动与流域地方政府水污染治理动态博弈

在上节模型的基础上，假定流域上下游两个地方政府，$i = 1,2$ ，同时决定是否对流域污染进行治理，此时每个地方政府都要在 0 ~ 1 之间作出决策，即治理（ $a_1 = 1$ ）或不治理（ $a_1 = 0$ ）。由于污染具有外部效应，水的流动把上游产生的污染转移到下游，从而上游不必承受污染带来的福利损害和治理成本，这个后果由下游地区承担。假设只要有一个地方政府对污染进行治理时，每个地方都能得到 ω 的效用（当下游地方政府治理而上游地方政府不治理时，上游地方政府也能得到这 ω 的效用，因为环境保护本身也是具有外部效应的，上游也可以因此享受到更优美的环境）；当上下游都治理时，相应的治理成本为 C_1 、C_2 ；当上游不治理而下游治理时，下游的治理成本为 C_3 。根据第 3 章中对流域水污染治理成本函数 $C = f(V, E/I, G, P_2)$ 的分析可知，治理成本 C 随污水处理量 V 、污染物削减率 E/I 、区域总产值 G 、第二产业占总产值的比重 P_2 的增加而增加。当上游不治理时，下游面临着更大的治污量和治污浓度，因此 $C_3 > C_1, C_2$ 。如果上游不治理，下游承担的上游污染带来的损害为 D ，博弈支付矩阵，见表4.4。

表4.4　　　　地方政府流域水污染治理博弈矩阵

上游政府	下游政府	
	治理	不治理
治理	$\omega - C_1$, $\omega - C_2$	$\omega - C_1$, ω
不治理	ω , $\omega - C_3$	0, $-D$

由表4.4矩阵可知，在给定下游地方政府治理的情况下，上游地方政府的最优选择是不治理；在给定下游地方政府不治理的情况下，上游治理与否取决于治理收益与治理成本的比较，即当 $\omega > C_1$ 时，治理；当 $\omega > C_2$ 时，不治理。从目前上游都倾向于把污染转移到下游的情况判断，应该是治理的成本大于收益，因此不治理是上游地方政府的占优策略，这符合实际情况。既然不治理是上游的占优策略，那么在给定上游不治理的情况下，下游是否治理呢？下游地方政府是否治理取决于成本—收益与不治理的损害 D 的比较，即当 $\omega - C_3 > D$ 时，治理，纳什均衡为（不治理，治理）；当 $\omega - C_3 < D$ 时，不治理，纳什均衡为（不治理，不治理），此时意味着流域污染治理变为囚徒困境，谁都不治理，环境越来越差。

上述分析考虑的是当下游政府对上游政府的损害行为无能为力时的情形，现在我们考虑当下游地方政府对上游的污染损害行为采取反污染或向更高一级的政府进行控告时双方的行为和均衡。如素有“日出万匹，衣被天下”之称的盛泽镇是江苏省吴江市的纺织印染重镇，辖区内有上规模的印染企业27家，日均废水排放量达10万吨。盛泽镇的下游王江泾镇属浙江省嘉兴市管辖。两镇之间仅一河之隔，这条河就是麻溪江（江苏称为清溪塘），河宽30余米，水深2米。盛泽镇位于麻溪江的上游，盛泽镇的污水顺河而下，通过麻溪江排到苏嘉运河，使王江泾镇受到了极大的损害。据嘉兴的数据，盛泽污水排放量最高时每年达9000

万吨，对嘉兴的渔业、农业和居民生存环境造成极大影响。两镇之间水污染纠纷不断，并多次引起上级政府的注意，但协调未果。忍无可忍的王江泾镇在2001 年11 月21 日深夜，组织了一次有数千居民参加的“零点行动”，发动沉船筑坝的“断河事件”①。此次事件引起了上级和中央政府的高度重视，在高层的关注下，两镇开始达成污染治理合作协议。

根据案例，我们对上述博弈进行修正，即当上游政府不对其产生的污染进行治理时，下游采取承诺行动（如拦河筑坝，上诉等）。行动顺序如下：（1）假定上游不治理，上游给下游带来的污染损害为 D；（2）当上游不治理时，下游决定是否对上游产生的污染进行指控，指控成本为 C_2；（3）决定指控，下游对上游指控后要求上游支付价值为 P 的生态补偿，$P > 0$；（4）上游决定是否接受指控，接受则支付 P；（5）如果上游拒绝，下游决定是放弃指控还是提起诉讼，若起诉，下游的起诉成本为 S，上游的辩护成本为 B；（6）下游以 λ 的概率赢得 F 的赔偿，$F > C_2 + D$。双方的行动和相应支付，见图 4.1。

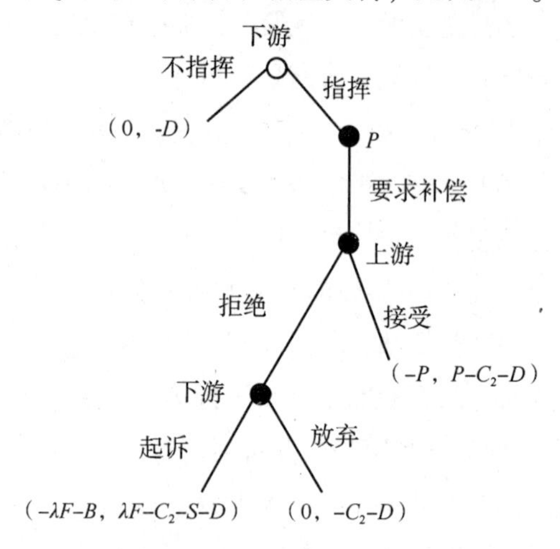

图 4.1　地方政府流域水污染三阶段治理博弈

---

① 毕亮亮．“多源流框架”对中国政策过程的解释力——以江浙跨行政区水污染防治合作的政策过程为例［J］．公共管理学报，2007（4）：36－41.

现考虑下游政府的承诺行动如何改变博弈均衡。假定下游为了保护自己的权益在诉讼前已经将诉讼费 S 支付给律师，且不予退还。那么在博弈的最后阶段，在胜诉概率大于零的情况下，下游将选择起诉，因为 $\lambda F - C_2 - S > - C_2 - S - D$。此时，如果 $P < \lambda F + B$ 的话，上游将接受下游提出的价值为 P 的生态补偿要求。这时，意味着上下游将通过私下协商的办法解决水污染的冲突，而不是诉诸法庭。因此，$P \in [\lambda F + B]$ 是上游对下游生态补偿的区域。在上下游讨价还价能力相同的情况下，纳什讨价还价解意味着上游要求的生态补偿 $P = \lambda F + B/2$。因为上游的指控总成本为 $C_2 + S$，只有当 $\lambda F + B/2 > C_2 + S$ 时，上游才会提起指控。假定这个条件成立，则子博弈纳什均衡是（补偿，指控），即下游指控，要求上游给予 $P = \lambda F + B/2$ 的生态补偿，上游接受下游的要求。此时，上游的支付为 $-\lambda F - B/2$，下游的支付为 $-\lambda F - B/2 - C_2 - S$。

结论：从整个过程看，盛泽镇和王江泾镇之间的博弈是一个重复。在博弈的初始阶段，盛泽镇将污水排放到麻溪江，王江泾镇忍受着上游排来污水，但随着时间的推移，王江泾镇忍无可忍，终于采取“报复”行动，从而引起了上级政府和社会的关注。博弈结构开始改变，博弈向合作的方向发展，说明博弈结构与次数影响博弈均衡的结果。其原因在于，当博弈是进行一次时，每个参与人都抱着“一锤子买卖”的心态，但当博弈重复多次时，参与人就有可能为了长远的利益而走向暂时的合作。

4.3　参与人之间的联盟博弈

根据第2章的相关内容可知，博弈论将人类和组织的博弈行为分为合作博弈和非合作博弈。如果博弈的各方能够达成一个对各方都有约束力的协议，那就是合作博弈，又称联盟博弈；如果博弈的各主体之间无法达成协议或协议缺乏自我实施性，那就是非合作博弈。在本节中，我们引入合作博弈，分析府际博弈在多方联盟博弈中各联盟的收益和收益的分配。基于以下考虑，有必要引入企业和公众作为参与人，即本书所述参与人（人）包括政府、企业等组织机构。

企业是环境保护行动的主要实践者。在环境治理中，因信息不对称对社会各个经济部门的潜在影响，企业出于自身利益的考虑，往往会利用其信息优势对其生产过程、技术和排污状况进行隐瞒，不严格按照环保要求生产，与环境管理部门进行博弈，增加环境部门的管理难度。将企业行动简单分为两类，即排污或者不排污。如果排污的话，环境会变差；如果不排污的话，环境会改善。相对于排污，不排污会增加诸如购买污水处理设备、环保资金投人和管理成本等企业额外成本，当然也可能同时获得政府的税收优惠和财政补贴。当然，排污也会有一定的成本，如排污企业被查处则会受到政府的处罚，乃至受到公众的指责而丧失声誉，企业最终是否排污取决于对两者支付大小的比较。

公众是环境保护的受益群体，同时也起到约束政府行为的作用。公众的策略行为表现为参与环境保护行动和不参与环境保护行动。参与会给参与者带来一些成本，如对排污企业的一些举报取证费用、价格费用、交通费用等，当然也可能得到政府的物质或精神奖励及更加健康的生活环境。由于公众个体过于分散，很难达成集体的一致行动，因此，假定公众将其一部分权力委托给社会环保组织进行代理。Pargal 和 Wheeler 的研究认为，社会环保组织的压力和社会准则对促使企业遵守环境法规，减少企业排污发挥了重要的作用①。因此，调动社会团体的力量来协助政府部门监督企业排放污染物，将会有缓解政府与排污企业之间存在的信息不对称，从而有助于提高环境质量。

① Pargal, Wheeler. Informal Regulation in Developing Countries: Evidences from Indonesia [J]. Journal of Political Economy, 2006 (8): 96 - 108.

4.3.1　参与人联盟博弈模型的构建

依前所述，跨行政区流域水污染治理博弈的参与人包括：中央政府、地方政府、企业和公众。根据角色定位，作如下说明：(1) 各参与人都理性地追求自身效用的最大化；(2) 中央政府可以对地方政府的失职行为进行问责；(3) 政府（包括中央政府和地方政府）可以选择征收排污费或对污染企业进行惩罚或对治污企业给予奖励，但同时须为执行政策付出检查成本；(4) 企业可以选择缴纳排污费或接受排污罚款，治理污染可以获得政府奖励及提升企业社会形象和声誉。

在具体的博弈分析过程中，使用博弈分析方法的困难在于博弈支付值的确定。博弈支付值的设定是否符合实际情况，是影响模型解释力的主要因素。为科学设定博弈支付值，采用通过案例描述，并从案例中抽象出支付值的办法，以确定博弈支付值的相对关系。我们以2007年太湖流域蓝藻事件爆发后，中国环保总局（环保部）对长江、黄河、淮河和海河四大流域部分省市实行的区域限批政策为例，在此次中央与地方的政策博弈过程中，中央面对不断扩大和严峻的污染，提高了对地方政府的监管水平，而地方政府则由于在中央政府的“最后通牒”，以往的拖延策略不能使地方得到更多的利益，最后不得不采取整治策略。通过整个博弈过程我们可以发现：在整治污染过程中，由地方政府财政和企业出资进行污染治理，相当于地方政府和企业接受中央政府的政策支出了额外的成本，而中央政府则由于提高监管水平达到了预期的目的。

因此，对博弈作如下假定：(1) 面对中央政府的政策，地方政府选择对抗或拖延两种策略；(2) 根据中央政府“环境治理取得一定效果，但形势仍很严峻”的结论，我们假定中央管治的支付大于地方管治的支付，而中央政府提高监督水平带来的支付要大于地方政府的支付；(3) 企业面对政府的管治必然作出反应，面对管治企业要么接受管治，要么选择继续污染，在现有的政府管治制度下，根据污染面继续扩大的事实，假设污染企业接受管治的支付小于对抗管治的支付，这意味着接受管治会减少企业的利润；（4）对于公众，面对政府的管治政策和企业的污染，我们假定公众接受中央政策的支付大于沉默的支付，这意味着公众将从中央的环境管治政策中受益，但公众相对于政府和企业而言处于劣势地位，所以他们的态度尽管是反对污染，但作用有限，其作用的发挥需要得到政府的支持。

根据以上分析，采用不确定支付博弈的模糊分析方法①和数值模拟，在淮建军和刘新梅②的矩阵分析基础上进行分析。设中央政府、地方政府、企业和公众的策略及相对应的支付为（各参与人分别用字母记为 A、B、C、D）：

A：A_1 为维持现有管治；A_2 为提高监督和惩治水平；对应的支付为（3，5）。

B：B_1 为接受中央政策；B_2 为对抗或拖延中央政策；对应的支付为（2，4）。

C：C_1 为维持现状，继续污染；C_2 为接受中央政策，治理污染；对应的支付为（3，1）。

D：D_1 为举报污染；D_2 为对污染保持沉默；对应的支付为（3，0）。

为使以上假设符合中国目前环境治理的现状，考虑到企业污染、地方政府支持污染、公众或代理人放纵污染会最终减少整个社会的福利。因此，以上支付如出现 B_2 或 D_2 则所有参与人支付减 1；如出现 C_1 则所有参与人支付减 2；如 A_1、B_2、C_1、D_2 同时出现，则整个经济和社会可持续发展的可能性为零，最终带来整个人类的灾难，所有参与人的支付为零。综上，构建参与人的博弈支付矩阵，其中 A、B、C、D 分别代表

① 顾建庄，谭德庆，万宇. 具有不确定支付博弈的模糊分析方法［J］. 西南交通大学学报，2003（12）：47-49.

② 淮建军，刘新梅，雷红梅. 我国房地产市场管制中四人联盟与对抗的博弈分析［J］. 系统工程，2007（12）：34-40.

各个参与人，而A_i、B_i、C_i、D_i和a_i、b_i、c_i、d_i分别代表参与人的策略和相应支付，见表4.5。

表4.5　参与人的博弈支付矩阵

	参与人	支付
	A B C D	a b c d
策略	(A_1, B_1, C_1, D_1)	1, 0, 1, 1
	(A_1, B_1, C_1, D_2)	0, -1, 0, -3
	(A_1, B_1, C_2, D_1)	3, 2, 3, 3
	(A_1, B_1, C_2, D_2)	2, 2, 2, -3
	(A_1, B_2, C_1, D_1)	0, 1, 0, 0
	(A_1, B_2, C_1, D_2)	0, 0, 0, 0
	(A_1, B_2, C_2, D_1)	2, 3, 0, 2
	(A_1, B_2, C_2, D_2)	1, 2, -1, -2
	(A_2, B_1, C_1, D_1)	3, 0, 1, 1
	(A_2, B_1, C_1, D_2)	2, -1, 0, -3
	(A_2, B_1, C_2, D_1)	5, 2, 3, 3
	(A_2, B_1, C_2, D_2)	4, 2, 2, -3
	(A_2, B_2, C_1, D_1)	2, 1, 0, 0
	(A_2, B_2, C_1, D_2)	2, 0, 0, 0
	(A_2, B_2, C_2, D_1)	4, 3, 0, 2
	(A_2, B_2, C_2, D_2)	3, 2, -1, -2

4.3.2　参与人联盟的博弈矩阵和策略选择

在支付矩阵中，假定I是所用参与人的集，S是联盟集，IS是指除了联盟S以外的剩余参与人集，V是对策的特征函数，MIN_1表示各行的最小值，MAX_r表示各列的最大值。为了计算特征值，当矩阵的MIN_1中的最大值与MAX_r中的最小值相等时，根据矩阵的最大最小值原理，该支付矩阵就构成了一个鞍点，该鞍点的支付是对策的最优解。

（1）单人联盟博弈矩阵和最优策略。单人联盟指每一个参与人各自独立的情况，每一类型的单人联盟构成的博弈支付矩阵、最优策略及其意义见表4.6。通过对单人联盟构成的博弈支付矩阵和最优策略的分析发现：在中央政府维持现有管治的情况下，地方政府会对抗或拖延中央政策，而企业会选择继续污染、公众会对此保持沉默，主要原因是公众很难获得实质上的支持，博弈能力有限，不足以改变地方政府和企业的策略选择。因此在单人联盟的背景下，跨行政区流域水污染治理制度设计的最优策略是中央政府提高监督和惩治水平。

表4.6　单人联盟构成的博弈支付矩阵和最优策略

	单人联盟构成的博弈支付矩阵					最优策略
IS	$S\{2, 3, 4\}$				MIN_l	$\{A_2B_1C_1D_2\}$、$\{A_2B_2C_1D_1\}$、$\{A_2B_2C_1D_2\}$ 说明在企业选择继续污染的情况下，无论地方政府是否接受中央政策或者公众支持与否，中央政府的最优策略都是提高监督和惩治水平
$\{1\}$	$B_1C_1D_1$	$B_1C_1D_2$	$B_1C_2D_1$	$B_1C_2D_2$		
	$B_2C_1D_1$	$B_2C_1D_2$	$B_2C_2D_1$	$B_2C_2D_2$		
A_1	1　0	3　2	0　0	2　1	0	
A_2	3　2	5　4	2　2	4　3	2	
MAX_r	3　2	5　4	2　2	4　3	$V=2$	
IS	$S\{1, 3, 4\}$				MIN_l	$\{A_1B_1C_1D_2\}$ 说明在中央政府维持现有管治、企业继续污染而公众选择沉默时，地方政府的最优策略是接受中央政策 $\{A_2B_2C_2D_1\}$ 说明在中央政府提高监督和惩治水平、企业治理污染，以及公众选择举报污染的情况下，地方政府的最优策略是对抗或拖延中央政策
$\{2\}$	$A_1C_1D_1$	$A_1C_1D_2$	$A_1C_2D_1$	$A_1C_2D_2$		
	$A_2C_1D_1$	$A_2C_1D_2$	$A_2C_2D_1$	$A_2C_2D_2$		
B_1	0　−1	2　2	0　−1	2　2	−1	
B_2	1　0	3　2	1　0	3　2	0	
MAX_r	1　0	3　2	1　0	3　2	$V=0$	
IS	$S\{1, 2, 4\}$				MIN_l	$\{A_1B_2C_1D_1\}$ 说明在中央政策维持现有管治，地方政府拖延中央政策，以及公众举报的情况下，企业的最优选择是继续污染 $\{A_2B_2C_2D_1\}$ 说明在中央政府提高监督和惩治水平、地方政府拖延中央政策，以及公众举报的情况下，企业的最优策略是治理污染
$\{3\}$	$A_1B_1D_1$	$A_1B_1D_2$	$A_1B_2D_1$	$A_1B_2D_2$		
	$A_2B_1D_1$	$A_2B_1D_2$	$A_2B_2D_1$	$A_2B_2D_2$		
C_1	1　0	0　0	1　0	0　0	0	
C_2	3　2	0　−1	3　2	0　−1	−1	
MAX_r	3　2	0　0	3　2	0　0	$V=0$	

续表

	单人联盟构成的博弈支付矩阵					最优策略
IS	S {1, 2, 3}				MIN_l	{$A_1B_2C_1D_2$} 说明在中央政府维持现有管治，地方政府拖延中央政策，企业选择污染的情况下，公众的最优策略是选择沉默 {$A_2B_2C_1D_1$} 在中央政策提高监督和惩治水平，地方政府拖延中央政策，企业继续污染的情况下，公众的最优策略是选择举报
{4}	$A_1B_1C_1$	$A_1B_1C_2$	$A_1B_2C_1$	$A_1B_2C_2$		
	$A_2B_1C_1$	$A_2B_1C_2$	$A_2B_2C_1$	$A_2B_2C_2$		
D_1	1　3	0　2	1　3	0　2	0	
D_2	−3　−3	0　−2	−3　−3	0　−2	−3	
MAX_r	1　3	0　2	1　3	0　2	$V=0$	

（2）双人联盟博弈矩阵和最优策略。双人联盟构成的博弈支付矩阵和最优策略见表4.7。通过对双人联盟的博弈支付矩阵和最优策略的分析表明：地方政府的策略选择对企业是否继续污染起重要作用，如果地方政府对抗或拖延中央政策，则企业会选择继续污染；而如果地方政府接受中央政策，则企业会治理污染。可见，地方政府的策略选择对中央政策目标的实现具有决定意义。相比之下，中央政府没有更多的选择，在环境不断恶化的前提下，中央政府的最优策略选择依然只能是提高对污染的监督和惩治水平；而公众的最优策略虽然在一般情况下，他们会选择举报，但是其行为具有随机性，如果有利可图，公众有可能与企业达成联盟而选择沉默。

表4.7　　　双人联盟构成的博弈支付矩阵和最优策略

	双人联盟构成的博弈支付矩阵					最优策略
IS	S {3, 4}				MIN_l	{$A_2B_2C_1D_2$} 说明在企业继续污染、公众选择沉默而达成联盟时，中央和地方政府联盟的最优策略是中央政府提高监督和惩治水平，地方政府的最优策略是选择拖延中央政策
{1, 2}	C_1D_1	C_1D_2	C_2D_1	C_2D_2		
A_1B_1	1	−1	5	4	−1	
A_1B_2	1	0	5	3	0	
A_2B_1	3	1	7	6	1	
A_2B_2	3	2	7	5	2	
MAX_r	3	2	7	6	$V=2$	

续表

	双人联盟构成的博弈支付矩阵					最优策略
IS	S {2, 4}				MIN_l	$\{A_2B_2C_2D_2\}$ 说明在地方政府拖延中央政策、公众选择沉默时，中央政府和企业联盟的最优策略是中央政府提高监督和惩治水平，企业治理污染
{1, 3}	B_1D_1	B_1D_2	B_2D_1	B_2D_2		
A_1C_1	2	0	0	0	0	
A_1C_2	6	4	2	0	0	
A_2C_1	4	2	2	2	2	
A_2C_2	8	6	4	2	2	
MAX_r	8	6	4	2	$V=2$	
IS	S {2, 3}				MIN_l	$\{A_2B_2C_1D_1\}$ 说明在地方政府拖延中央政策、企业继续污染时，中央政府和公众联盟的最优策略选择是中央政府提高监督和惩治水平，公众选择举报污染
{1, 4}	B_1C_1	B_1C_2	B_2C_1	B_2C_2		
A_1D_1	2	6	0	4	0	
A_1D_2	-3	-1	0	-1	-3	
A_2D_1	4	8	2	6	2	
A_2D_2	-1	1	2	1	-1	
MAX_r	4	8	2	6	$V=2$	
IS	S {1, 4}				MIN_l	$\{A_1B_1C_2D_2\}$ 和 $\{A_2B_1C_2D_2\}$ 说明无论是中央政府维持现有管治还是提高惩治水平，在地方政府接受中央政府政策时，企业的最优策略选择治理污染
{2, 3}	A_1D_1	A_1D_2	A_2D_1	A_2D_2		
B_1C_1	1	-1	1	-1	-1	
B_1C_2	5	4	5	4	4	
B_2C_1	1	1	1	0	0	
B_2C_2	3	1	3	1	1	
MAX_r	5	4	5	4	$V=4$	
IS	S {1, 3}				MIN_l	$\{A_1B_1C_1D_1\}$、$\{A_1B_2C_1D_2\}$、$\{A_2B_1C_1D_1\}$ 和 $\{A_2B_2C_1D_1\}$ 说明在无论中央政府是维持现有管治还是提高监督和惩治水平，在企业选择治理污染时，地方政府和公众联盟的最优策略是地方政府策略二选一，公众选择举报污染
{2, 4}	A_1C_1	A_1C_2	A_2C_1	A_2C_2		
B_1D_1	1	5	1	5	1	
B_1D_2	-4	4	-1	4	-4	
B_2D_1	1	3	1	3	1	
B_2D_2	0	1	0	1	0	
MAX_r	1	5	1	5	$V=1$	

续表

	双人联盟构成的博弈支付矩阵					最优策略
IS	S {1，2}				MIN_l	$\{A_1B_2C_2D_1\}$ 和 $\{A_2B_2C_2D_1\}$ 说明无论中央政府是维持现有管治还是提高监督和惩治水平，只要地方政府拖延中央政策，在公众选择举报污染的情况下，企业和公众联盟的最优策略是企业选择治理污染
{3，4}	A_1B_1	A_1B_2	A_2B_1	A_2B_2		
C_1D_1	2	0	2	0	0	
C_1D_2	-3	0	-3	0	-3	
C_2D_1	6	2	6	2	2	
C_2D_2	-1	-3	-1	-3	-3	
MAX_r	6	2	6	2	$V=2$	

（3）三人联盟博弈矩阵和最优策略。三人联盟构成的博弈支付矩阵和最优策略见表4.8。通过对三人联盟构成的博弈支付矩阵和最优策略的分析表明：联盟之间的策略选择具有相对性，当一个联盟选择消极或破坏性的政策时，另一个联盟会选择积极的策略，说明这时的博弈是一个占优博弈，即无论对方选择什么策略，自身的策略选择唯一。

表4.8　　　　三人联盟构成的博弈矩阵和最优策略

	三人联盟博弈的支付矩阵			最优策略
IS	S {4}		MIN_l	$\{A_2B_1C_2D_2\}$ 说明在公众选择沉默的情况下，中央政府、地方政府及企业三人联盟的最优策略是中央政府提高监督和惩治水平、地方政府接受中央政策、企业治理污染
{1，2，3}	D_1	D_2		
$A_1B_1C_1$	2	-1	-1	
$A_1B_1C_2$	8	6	6	
$A_1B_2C_1$	1	0	0	
$A_1B_2C_2$	5	2	2	
$A_2B_1C_1$	4	2	2	
$A_2B_1C_2$	10	8	8	
$A_2B_2C_1$	3	2	2	
$A_2B_2C_2$	7	4	4	
MAX_r	10	8	$V=8$	

续表

	三人联盟博弈的支付矩阵			最优策略
IS	S {3}		MIN_l	{$A_2B_1C_1D_1$} 说明在企业继续污染的情况下，中央政府、地方政府和公众三人联盟的最优策略是中央政府提高监督和惩治水平、地方政府接受中央政策、公众举报污染
{1，2，4}	C_1	C_2		
$A_1B_1D_1$	3	8	3	
$A_1B_1D_2$	-4	1	-4	
$A_1B_2D_1$	0	7	0	
$A_1B_2D_2$	0	1	0	
$A_2B_1D_1$	4	8	4	
$A_1B_1D_2$	-2	4	-2	
$A_2B_2D_1$	3	9	3	
$A_2B_2D_2$	2	3	2	
MAX_r	4	8	$V=4$	
IS	S {2}		MIN_l	{$A_2B_2C_2D_1$} 说明在地方政府对抗或拖延中央政策的情况下，中央政府、企业和公众三人联盟对抗地方政府的最优策略选择，是中央政府提高监督和惩治水平、企业治理污染、公众举报污染
{1，3，4}	B_1	B_2		
$A_1C_1D_1$	3	0	0	
$A_1C_1D_2$	-4	0	-4	
$A_1C_2D_1$	9	4	4	
$A_1C_2D_2$	1	-2	-2	
$A_2C_1D_1$	5	2	2	
$A_2C_2D_2$	-1	2	-1	
$A_2C_2D_1$	11	6	6	
$A_2C_1D_2$	4	0	0	
MAX_r	11	6	$V=6$	

续表

	三人联盟博弈的支付矩阵			最优策略
IS	$S\{1\}$		MIN_l	
$\{2,3,4\}$	A_1	A_2		
$B_1C_1D_1$	2	2	2	$\{A_1B_1C_2D_1\}$ 和 $\{A_2B_1C_2D_1\}$ 说明在中央政府选择任意策略时，地方政府、企业和公众三人联盟的最优策略是地方政府接受中央政策、企业治理污染、公众举报污染
$B_1C_1D_2$	-4	-4	-4	
$B_1C_2D_1$	8	8	8	
$B_1C_2D_2$	1	1	1	
$B_2C_1D_1$	1	1	1	
$B_2C_1D_2$	0	0	0	
$B_2C_2D_1$	5	5	5	
$B_2C_2D_2$	-1	-1	-1	
MAX_r	8	8	$V=8$	

4.3.3 联盟收益分配的 Shapley 值

在合作博弈中，联盟内的成本和收益分配是影响联盟稳定性的关键因素。Shapley 值法是解决多人合作博弈问题的一种方法。当 n 个人从事某项经济活动时，对于联盟中的每一种联盟形式，都会得到一定的效益，Shapley 值法针对的就是由联盟产生的效益如何分配。

设在 n 人合作博弈 N 中，对于 N 的任一子集 S（表示一种联盟形式）对应着一个取值于实数 R 的一个函数 $v(s)$，$v(s)$ 为联盟的特征函数，满足 $v(\phi)=0$，我们称 (N,V) 为一个联盟。对于给定的特征函数 v 可以确定特定的分配，即每个参与人从联盟中获得的收益，记为 $\phi(v)=(\phi_1(v),\phi_2(v),\cdots,\phi_n(v))$，且

$$\phi_i(v)=\sum_{s\in s_i} w(|s|)[v(s)-v(s\backslash i)],i=1,2,\cdots,n \quad (4.33)$$

其中：

$$w(|s|)=\frac{(n-|s|)!(|s|-1)!}{n!} \tag{4.34}$$

$\phi(v)$ 为联盟 (N,V) 的 Shapley 值。根据 Shapley 值法的特点，Shapley 值满足对称性公理、有效性公理和可加性原理，具有唯一性。利用 Shapley 值法计算合作博弈收益分配，存在唯一的向量函数满足上述公理。特征函数 $v(s)$ 为：

$$\begin{aligned}&v(\phi)=0,v(A)=2,v(B)=0,v(C)=0,v(D)=0\\&v(AB)=2,v(AC)=2,v(AD)=2,\\&v(BC)=4,v(BD)=1,v(CD)=2\\&v(ABC)=8,v(ABD)=4,v(ACD)=6,v(BCD)=8\end{aligned} \tag{4.35}$$

由公式 $\phi_i(v)=\sum_{s\in s_i}\frac{(n-|s|)!(|s|-1)!}{n!}[v(s)-v(s\setminus i)],i=1,2,\cdots,n$，计算 4 人合作博弈中央政府、地方政府、企业和公民的分配向量分别为：

$$\begin{aligned}\phi A(v)=&\frac{(4-1)!(1-1)!}{4!}(2-0)+\frac{(4-2)!(2-1)!}{4!}\\&(2-0)+\frac{(4-2)!(2-1)!}{4!}(2-0)+\frac{(4-2)!(2-1)!}{4!}\\&(2-0)+\frac{(4-3)!(3-1)!}{4!}(8-4)+\frac{(4-3)!(3-1)!}{4!}\\&(4-1)+\frac{(4-3)!(3-1)!}{4!}(6-2)\\=&\frac{17}{12}\end{aligned} \tag{4.36}$$

$$\begin{aligned}\phi_B(v)=&\frac{(4-1)!(1-1)!}{4!}(0-0)+\frac{(4-2)!(2-1)!}{4!}\\&(2-2)+\frac{(4-2)!(2-1)!}{4!}(4-0)+\frac{(4-2)!(2-1)!}{4!}\end{aligned}$$

$$(1-0)+\frac{(4-3)!(3-1)!}{4!}(8-2)+\frac{(4-3)!(3-1)!}{4!}(4-2)+\frac{(4-3)!(3-1)!}{4!}(8-2)$$

$$=\frac{19}{12} \tag{4.37}$$

$$\phi_C(v)=\frac{(4-1)!(1-1)!}{4!}(0-0)+\frac{(4-2)!(2-1)!}{4!}(2-2)+\frac{(4-2)!(2-1)!}{4!}(4-0)+\frac{(4-2)!(2-1)!}{4!}(2-0)+\frac{(4-3)!(3-1)!}{4!}(8-2)+\frac{(4-3)!(3-1)!}{4!}(6-2)+\frac{(4-3)!(3-1)!}{4!}(8-1)$$

$$=\frac{23}{12} \tag{4.38}$$

$$\phi_D(v)=\frac{(4-1)!(1-1)!}{4!}(0-0)+\frac{(4-2)!(2-1)!}{4!}(2-2)+\frac{(4-2)!(2-1)!}{4!}(1-0)+\frac{(4-2)!(2-1)!}{4!}(2-0)+\frac{(4-3)!(3-1)!}{4!}(4-2)+\frac{(4-3)!(3-1)!}{4!}(8-4)+\frac{(4-3)!(3-1)!}{4!}(6-2)$$

$$=\frac{13}{12} \tag{4.39}$$

根据以上计算，中央政府、地方政府、企业和公众在合作博弈收益分配中，其分配向量为$(\frac{17}{12},\frac{19}{12},\frac{23}{12},\frac{13}{12})$。联盟收益分配向量表明，在府际博弈的联盟博弈中，中央政府和公众在联盟中获得的收益都要小于地方政府和企业。可能的解释是，相对于中央政府而言，地方政府和企业具有信息优势；而相对于公众而言，地方政府和企业具有组织优势。因此，地方政府和企业在联盟中获得的收益要大于中央政府和公众，这也就解释了为什么地方政府和污染企业很容易达成合谋，共同应对中央政府和公众的监督和检查。

4.3.4 联盟博弈均衡的启示

跨行政区流域水污染治理能否有效推进，关键在于能否设计一套既能诱导经济个体形成正确的行为，也能有效规范政府的行为的激励和约束机制。根据当前环境治理的现状和以上博弈分析，完善污染治理的规则设计应加强以下内容：

（1）完善中央监管和污染发现机制，提高惩治水平，实行政府环境问责。通过单人联盟和双人联盟的博弈分析发现，要有效治理污染，中央政府有必要增强政策威胁的置信度，采取“承诺行动”，提高监督和惩治水平和政策的执行力，提高对地方政府的问责力度，以克服地方政府和污染企业达成的利益同盟。加强对地方政府失职行为的问责，可以避免在政策执行过程中出现的寻租及地方政府对污染企业采取庇护行为。因此，加强对失职行为的问责是控制污染的一项有效措施，尤其在区域利益竞争激烈的时期，打破地方之间的保护主义对于跨地区之间的环境治理机制的建立更具有积极意义。

（2）建立企业声誉机制。通过双人联盟的博弈分析发现，地方政府的态度对中央环境治理政策的实施具有重要影响，而地方政府敢于违背中央政策的一个重要原因就是地方政府靠近信息源，利用信息优势，地方政府能够改变博弈结构。面对地方政府利用自身信息优势而与污染企业结成联盟的情况，中央政府要设立企业声誉机制，迫使企业在社会舆论压力下公开环境信息①。中央政府在缺乏直接或间接的信息渠道的情形下，可以

---

① 王金南，夏光，高敏雪等．中国环境政策改革与创新［M］．北京：中国环境科学出版社，2008：116.

通过改变博弈规则，构造信息成本最低的制度安排。企业通过治理环境，获得富有责任的企业“声誉”，中央政府通过建立对这些企业的优惠制度的安排，可以使其在市场上获得更多的忠实消费者和获得政府的绿色采购等，以提高企业的利润，增强企业进行污染治理的积极性。

（3）培养公众的主体意识，鼓励社会公众参与环保，增强一般公众的博弈能力。公众在环境治理的过程中处于弱势地位，其博弈策略的选择也带有很大的随机性，其主要原因在于公众处于一个大而比较分散的群体中，很难形成集体行动。为此政府出台有利于公众参与的政策，充分发挥新闻媒体和非政府组织的作用。新闻媒体具有广泛的舆论代表性和非强制性监督功能，他们对热点问题和环境状况的报道在一定程度上加快了信息公开化的进程。非政府组织能起到沟通政府和公众桥梁的作用，能较为及时地反映公众要求和传递政府政策，要充分发挥它们的宣传功能和信息传递作用，使其成为各社会成员之间沟通联系的纽带。此外，还可以通过建立公民激励制度，对为流域污染治理提出合理建议、依据事实举报环境污染线索的公众给予物质奖励，以切实增强公民的责任意识。

（4）积极利用市场手段，降低企业治污成本，促进企业主动控制污染。利益是参与人行动的逻辑起点，而企业又是市场中环境污染的主体，理应承担起治污的责任。企业逃避污染治理主要是为了降低生产成本，防止因成本增加而削弱其市场竞争力。为此，政策设计的目的就是要降低企业治污的成本，如果企业能够在治污的同时保持市场的竞争力，或是获得国家优惠政策来进行环保技术的研究和购买设备，并且拥有便利的渠道或环境交易市场，那么企业的治污成本就会有较大的下降空间，如果污染治理所获取的经济效益和企业声誉等有形或无形资本远远大于治理投入，企业就会愿意主动采取污染治理行动①。因此，政府

---

① 刘志荣，陈雪梅．论循环经济发展中政府制度设计——基于政府和企业博弈均衡的分析［J］．经济与管理研究，2008（4）：45－48.

应通过有关制度安排为企业降低污染治理成本营造一个良好的空间。因为强制性的监督和惩罚并不能增强企业治污的主动性，反而会增强企业的机会主义行为。因此，有必要打破仅依靠惩罚来推动企业污染治理的单一手段，应积极利用市场激励因素来推动企业的环境保护行为，如基于环境容量的排污权交易和清洁生产机制（CDM），不仅有利于社会公众增强环境意识，而且有利于企业积极采用节约成本的环境控制措施，促进企业和国际之间的治污合作。

4.4 本章小结

本章对参与人在不同类型下的博弈均衡进行求解。(1) 在中央政府和地方政府的完全信息静态监管博弈中，博弈的均衡与中央政府的监管成本及对地方政府的处罚相关：中央政府的监管成本越高，地方政府越倾向于不执行中央政府的政策；对地方政府的处罚越大，地方政府越倾向于执行中央政府的政策。但是，在不完全信息下的监管博弈中，受信息不对称的影响，中央政府选择检查的概率倾向于零。在中央政府和地方政府的信号传递博弈中，社会整体最优的结果取决于地方政府声明自己是严格执行者的概率为 δ，δ 决定了均衡是向分离的方向发展还是向混同的方向发展。(2) 在地方政府间的博弈中，地方政府将围绕排污指标进行激烈的博弈，博弈的均衡表明地方政府的实际排污量要大于排污指标所控制的排污量，流域生态环境趋于恶化。由于在恶性循环中下游更多的以受害者的形式出现，因此下游将采取承诺行动以改变自身的处境。博弈均衡表明，承诺行动有利于下游维护自身的利益，使博弈向合作的方向发展。(3) 除了非合作博弈，参与人也可能受利益的影响而在一定时间内形成联盟，在府际博弈的联盟中，地方政府及其与地方政府利益紧密相关的企业在博弈中的地位至关重要，进而也就决定了这两者在联盟收益的分配中要占据更大的比重。

尽管在不同的博弈类型下博弈的均衡有所不同，但有一点是共同的，那就是无论是在合作博弈还是在非合作博弈中，中央政府发现地方政府违规的能力和地方政府规避监管能力决定了博弈均衡的走向。受制度环境和信息结构的影响，中央政府的发现能力有限，难以对地方政府的“搭便车”行为进行有效的规制。在利益最大化的诱导下，污染成为地方政府的最佳选择，或者说污染是地方政府的占优战略均衡，流域生态环境趋于恶化。

第5章　跨行政区流域水污染府际博弈的实证分析

本章在第4章的基础上，运用2005~2014年中国七大流域水质数据和中国环境治理投资的面板数据及湘江流域的个案数据对中国跨行政区流域水污染府际博弈进行实证分析（如无特别注明，则本章数据来源于中国环境统计公报、中国环境统计年鉴、环境保护部官方网站和湖南省环境统计报告），以期更为清晰地揭示中央政府和地方政府，以及地方政府之间博弈的形式、行为特征及博弈均衡和结果。

5.1　中国流域污染概况和特征

中国流域面积大于100平方公里的河流有5万多条，流域面积在1000平方公里以上的河流有1500多条。这些河流中，多数都是流经数个行政区，有的甚至是全国性和国际性的河流，这些河流的资源质量严重影响中国可持续发展的可能。据2005~2014年中国环境统计公报、环境状况公报和水资源公报显示，中国流域整体水质存在严重的污染，其中湖泊水质污染尤为严重，见表5.1。

表 5.1　　　　中国七大流域水质状况（2005～2014 年）

<table>
<tr><th rowspan="2">年份</th><th colspan="6">分类河长（河流）占评价河长比例（%）</th><th rowspan="2">流域水质优于Ⅲ类的比例（%）</th></tr>
<tr><th>Ⅰ类</th><th>Ⅱ类</th><th>Ⅲ类</th><th>Ⅳ类</th><th>Ⅴ类</th><th>劣Ⅴ类</th></tr>
<tr><td>2005</td><td>5.1</td><td>28.7</td><td>27.1</td><td>11.8</td><td>6.0</td><td>21.3</td><td>60.9</td></tr>
<tr><td>2006</td><td>3.5</td><td>27.3</td><td>27.5</td><td>13.4</td><td>6.5</td><td>21.8</td><td>58.3</td></tr>
<tr><td>2007</td><td>4.1</td><td>28.2</td><td>27.2</td><td>13.5</td><td>5.3</td><td>21.7</td><td>59.5</td></tr>
<tr><td>2008</td><td>3.5</td><td>31.8</td><td>25.9</td><td>11.4</td><td>6.8</td><td>20.6</td><td>61.2</td></tr>
<tr><td>2009</td><td>4.6</td><td>31.1</td><td>23.2</td><td>14.4</td><td>7.4</td><td>19.3</td><td>58.9</td></tr>
<tr><td>2010</td><td>4.8</td><td>30.0</td><td>26.6</td><td>13.1</td><td>7.8</td><td>17.7</td><td>61.4</td></tr>
<tr><td>2011</td><td>4.6</td><td>35.6</td><td>24.0</td><td>12.9</td><td>5.7</td><td>17.2</td><td>64.2</td></tr>
<tr><td>2012</td><td>5.5</td><td>39.7</td><td>21.8</td><td>11.8</td><td>5.5</td><td>15.7</td><td>67</td></tr>
<tr><td>2013</td><td>4.8</td><td>42.5</td><td>21.3</td><td>10.8</td><td>5.7</td><td>14.9</td><td>68.6</td></tr>
<tr><td>2014</td><td>5.9</td><td>43.5</td><td>23.4</td><td>10.8</td><td>4.7</td><td>11.7</td><td>72.8</td></tr>
<tr><th rowspan="2">年份</th><th colspan="6">分类水面（湖泊）占评价水面比例（%）</th><th rowspan="2">湖泊水质优于Ⅲ类的比例（%）</th></tr>
<tr><th>Ⅰ类</th><th>Ⅱ类</th><th>Ⅲ类</th><th>Ⅳ类</th><th>Ⅴ类</th><th>劣Ⅴ类</th></tr>
<tr><td>2005</td><td colspan="3">35.4</td><td colspan="2">39.6</td><td>25.0</td><td>35.4</td></tr>
<tr><td>2006</td><td colspan="3">49.7</td><td colspan="2">15.3</td><td>35.0</td><td>49.7</td></tr>
<tr><td>2007</td><td colspan="3">48.9</td><td colspan="2">21.6</td><td>29.5</td><td>48.9</td></tr>
<tr><td>2008</td><td colspan="3">44.2</td><td colspan="2">32.5</td><td>23.3</td><td>44.2</td></tr>
<tr><td>2009</td><td colspan="3">58.4</td><td colspan="2">27.6</td><td>14.0</td><td>58.4</td></tr>
<tr><td>2010</td><td colspan="3">58.9</td><td colspan="2">27.9</td><td>13.2</td><td>58.9</td></tr>
<tr><td>2011</td><td>0.5</td><td>32.9</td><td>25.4</td><td>12.0</td><td>4.5</td><td>24.7</td><td>58.8</td></tr>
<tr><td>2012</td><td colspan="3">44.2</td><td colspan="2">31.5</td><td>24.3</td><td>44.2</td></tr>
<tr><td>2013</td><td colspan="3">31.9</td><td colspan="2">42.0</td><td>26.1</td><td>31.9</td></tr>
<tr><td>2014</td><td colspan="3">32.2</td><td colspan="2">47.1</td><td>20.7</td><td>32.2</td></tr>
</table>

由表 5.1 可知，尽管中央一再强调生态环境的重要性，并不断进行

立法保护和加大治理的力度，但中国流域生态环境恶化的状况并没有得到根本性的改善，且自 2005 年以来中国湖泊流域水质优于 III 类的比例呈下降趋势，局部环境的好转无力改变整体环境恶化的趋势。与整体水质相比，界面水质比流域整体水质更低，也就是说水污染在区域交界处更严重，见图 5.1。

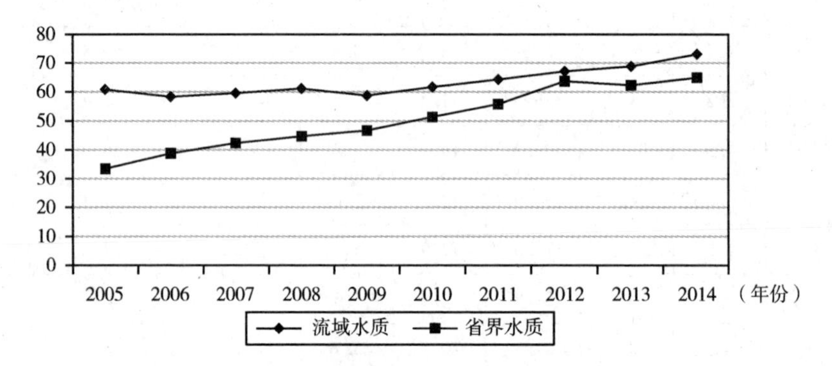

图 5.1　全国流域整体水质和省界水质比较

以上数据表明，尽管中国环境法制在逐步完善，环境投入也逐年增长，但流域水质却并没有得到明显的改善，湖泊水质优于Ⅲ类的比例甚至在 2011 ~ 2014 年出现急剧下降，从总体上反映出流域整体水质恶化的趋势，且呈现出明显的跨行政区污染的特征，与环境治理投入的高速增长形成巨大反差。

5.1.1　工业点源污染治理效果缓慢

工业点源污染是中国最早关注的污染源头之一。点源污染指有确定的空间位置、污染物数量大且比较集中的污染源，可以是一座城市、一个大型工矿企业、大型养殖场，也可以指一个具体的排污口。点源污染量大而集中，易于形成比较集中的污染区、污染带，是水体、水域污染的重要来源①。流域内工业的迅速发展、城市规模不断扩大和人口的增长，尤其是流域沿岸“三高”企业的大量存在，产生的废水未经处理直接排入江河，使流域水体污染日益严重。更有企业甚至宁愿缴纳排污费取得合法的排污权而不愿意投资建设废水处理设施，或者即使建有处理设施也不运行。以长江为例，长江沿岸排污口的排污是造成长江干流及较大支流近岸污染的根本原因。20世纪70年代末，污染排放量为95亿吨/年，80年代末为150亿吨/年，到90年代中后期增加到200亿吨/年，2015年长江流域污水排放量已达338.8亿吨。从典型区域看，《2014年环境统计年报》显示：2014年三峡库区及其上游流域共排放工业废水13.9亿吨，工业化学需氧量为22.2万吨，工业氨氮为1.3万吨，工业石油类排放量为1252.6吨，工业挥发酚排放量为11.3吨，工业氰化物排放量为4.0吨，工业废水中6种重金属（铅、镉、汞、六价铬、总铬及砷）排放总量为18.6吨。

5.1.2 农业和生活面源污染扩大

面源污染是指没有确切的空间位置，污染物以相对分散的方式进入地表水或地下水水体的污染源，也被称为非点源污染。面源污染主要来自农业污染、江河湖库周边地表堆积的各种垃圾及有害物质。大风、暴雨和洪涝灾害通常会把大量的污染物质带入水体。因此，面源污染具有发生区域的随机性、排放途径及排放污染物的不确定性、污染负荷空间分布的差异性三大特征②。目前，面源污染的严重性已被国内外所认识。国内外研究表明，面源污染已经成为水环境的重要污染源。据报道，美

① 王浩．中国可持续发展总纲——中国水资源与可持续发展［M］．北京：科学出版社，2007：1.

② 熊鹰，徐翔．政府环境监管与企业污染治理的博弈分析及对策研究［J］．云南社会科学，2007（4）：36－40.

国的面源污染占污染总量的 2/3，其中农业面源污染贡献率占 75% 左右[①]。中国与此相似，大量化肥和农药的使用对水体造成了严重的污染，其中氮和磷的流失越来越成为中国湖泊、河流和浅海水域富营养化的主要原因，导致水藻生长过剩、水体缺氧和水生物死亡，使水生态系统严重恶化。从典型区域看，《2014 年环境统计年报》显示：2014 年三峡库区及其上游流域共排放生活污水 48.8 亿吨，农业化学需氧量 70.9 万吨，城镇生活化学需氧量 101.0 万吨，农业氨氮 7.7 万吨，城镇生活氨氮 14.1 万吨。由此可见，大量生活垃圾和生活污水的排放也是重要的污染源，见表 5.2。

表 5.2　　全国废水排放中工业废水与生活污水的比例

类别	2005 年	2006 年	2007 年	2008 年	2009 年	2010 年	2011 年	2012 年	2013 年	2014 年
废水排放总量（亿吨）	524.5	536.8	556.8	571.7	589.2	617.3	659.2	684.8	695.4	716.2
工业废水占比（%）	46.3	44.7	44.3	42.3	39.8	38.5	35.0	32.3	30.2	28.7
生活污水占比（%）	53.7	55.3	55.7	57.7	60.2	61.5	64.9	67.6	69.8	71.3

资料来源：中国环境统计年报。

5.2 基于七大流域面板数据的府际博弈实证分析

5.2.1 地方政府的保护主义与中央政府的政策博弈

地方保护主义使各地区在水资源开发利用中只注重本地区水资源的

① Aftab Ashar, Hanley Nick, Kampas Athanasios. Co-ordinated environmental regulation: controlling non-point nitrate pollution while maintaining river flow [J]. Journal of Environmental and Resource Economics, 2007, 38 (4): 573-593.

使用需求，而忽视对下游或邻近地区的影响，个别地区甚至损人利己地将污水排向下游或邻近地区，造成“上游污染中游，中游污染下游，下游污染河口，河口污染海洋”的转嫁污染现象发生①。原国家环保部副部长潘岳在谈及淮河流域污染反弹时指出，“造成污染反弹的主要原因首先是地方保护”，由于环境保护实行属地管理，环境执法不能跨界，A地区的企业污染了B地区，B地区的环境执法人员不能到A地区去执法，反之亦然。属地管理使交界地带的环境责任难以确定，交界地带也就成了地方政府设置污染企业的重灾区。这样做不仅可以为本地创造更多的GDP和财政收入，同时也可以避免因污染发生在本地区而产生的治污费用。从2005~2014年，中国流域整体水质和省界水质的比较中也可以看出，流域整体水质比省界水质高（见图5.1）。根据流域整体水质优于省界水质的现象，我们可以下这样一个判断：地方政府更倾向于向交界地带排污，而把环境治理的投入放到效益内部化更为明显的项目中，污染外部性可以减少本地对环境污染治理的投入。

为了了解地方政府对于环保执法的影响，郎友兴、葛维萍以浙江省台州市为例，对环保部门执法人员进行了调查，发现影响环境执法的关键性因素是地方政府②，见表5.3。

调查结果显示：63.8%的被调查者认为，当上级领导督办后环境执法会取得更好的效果；42.5%被调查者认为，对环保局执法严格程度影响最大的是地方政府；相比之下，只有25%的被调查者认为，本单位的正副局长对环保局严格执法程度影响最大。调查结果部分地证明之前的推论：在当下中国，环境治理或执法程度受到很大的人为影响，地方政府的态度和行为对环境执法是否能按规章办事起着关键性的作用。

---

① 中国环境与发展国际合作委员会，中共中央党校国际战略研究所．中国环境与发展：世纪挑战与战略抉择［M］．北京：中国环境科学出版社，2007，157-158.

② 郎友兴，葛维萍．影响环境治理的地方性因素调查［J］．中国人口·资源与环境，2009，(3)：107-112.

表 5.3 在目前体制下政府对环保部门的执法行为有着重要影响

项目	一般而言，上级领导督办后环境执法有不错的效果。您是否同意这种说法？					对于环保局执法严格程度影响最大的是谁？						您认为当地政府重视环境保护吗？				
	同意	中立	不同意	很难说	合计	地方政府	正副局长	中层干部	执法人员	其他	合计	很重视	重视	不重视	很不重视	合计
票数	102	23	16	18	159	68	40	5	32	8	153	9	89	55	5	158
比例(%)	63.8	14.4	10	11.3	99.5	42.5	25	3.1	20	5	95.6	5.6	55.6	34.4	3.1	98.8
有效比例(%)	64.1	14.5	10.1	11.3	100	44.4	26.1	3.3	20.9	5.2	100	5.7	56.3	34.8	3.2	100

项目	您认为当前影响环境保护事业发展的最主要问题有哪些？						在执法过程中，市县领导的说起是否频繁？					上级领导的说情会影响执法的士气吗？			
	领导重视不够	管理体制不顺	地方保护	监管力量不足	其他	合计	频繁	没有说情	偶尔有	不知道	合计	会	不会	不知道	合计
票数	30	67	27	28	4	156	10	13	89	48	160	90	47	21	158
比例(%)	18.8	41.9	16.9	17.5	2.5	97.5	6.3	8.1	55.6	30	100	56.3	29.4	13.1	98.8
有效比例(%)	19.2	42.9	17.3	17.9	2.6	100	6.3	8.1	55.6	30	100	57	29.7	13.3	100

面对地方政府污染的保护主义，中央政府也并非一筹莫展。为改善流域水环境，打击流域污染中的地方保护主义，2007 年原环保总局对部分地区实行区域限批。区域限批是指如果一个地区出现严重环保违规的事件，环保部门有权暂停这一地区所有新建项目的审批，直至该地区完成整改。2007 年 1 月 10 日，原环保总局对长江、黄河、淮河、海河四大流域部分水污染严重、环境违法问题突出的长江流域安徽段的巢湖市和芜湖经济技术开发区；黄河流域的甘肃白银市与兰州高新技术产业开发区、内蒙古巴彦淖尔市、陕西渭南市、山西河津市（县级）与襄汾

县；淮河流域的河南周口市、安徽蚌埠市；海河流域的河北邯郸经济技术开发区、河南濮阳经济开发区、山东莘县工业园区等6市2县5个工业园区实行整治，停止这些地区除污染防治和循环经济类外所有建设项目的环评审批，并对流域内不正常运转的石家庄深泽县东区等6家污水处理厂和环境违法严重的攀钢钛业有限公司钛白粉厂等32家重污染企业进行“挂牌督办”，使地方政府感到了很大的震动。

面对中央的区域限批政策，周口市在限批之后立即召开市委常委扩大会议，“成立了9个工作组和6个检查组，以15个被查的污染企业为突破口，每家进驻2名驻厂监管员，监管员、地方政府和企业法人三方签订责任书，企业环保不达标，追究三方责任。同时，周口市还在2003年以来的76份文件中清理出11份违规的‘土政策’、各区县修订文件45个、废止5个，并对372家‘挂牌保护’企业实施了摘牌”①。周口的努力终于在2007年9月11日拿到的环保总局的解禁文件，成功走出了限批围城。以周口市为例，在这一轮的区域限批中，地方政府与中央政府的博弈过程及均衡可用图5.2表示。

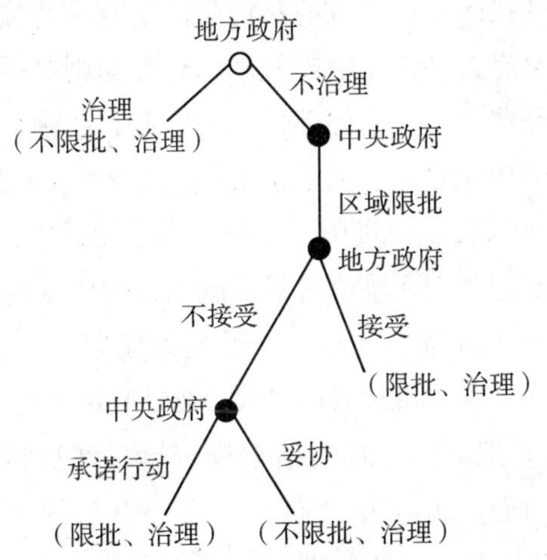

图5.2　周口市与环保部的博弈过程及均衡

① 王运宝，徐浩程．限批之痛［J］．决策，2007（10）：11－16.

环保总局区域限批政策的成功并不在于其对违规企业的制裁，而在于其触动了地方政府的利益——如果地方政府舍不得放弃污染企业的税收，那么在其区域内就将有更多的项目无法启动，而遭受更大是损失。限批之后各地对当地“土政策”的清理，成为其变相违反环境法律法规的最好佐证。在谈及环保总局为何动用区域限批政策时，潘岳表示：“每一次环保风暴就是一次和地方利益、行业利益、部门利益进行的博弈。当前水污染持续恶化的趋势已非分割的治水管理体制所能解决，应该尽快建立跨区域跨部门的流域污染防治机制和新环境经济政策体系，坚决完成减排目标。”区域限批之策使环保部不必再面对着一个个污染企业，而是面对着一个地方政府，提高了环保部在博弈中的地位和能力，使（限批，治理）成为环保部和地方政府在污染治理博弈中的均衡。

5.2.2 中央政府和地方政府的流域水污染治理财政投资博弈

环境治理财政投入是反映政府对污染防治重视程度的重要指标。从性质上说，财政具有公共性，财政使用的依据原则必须是有利于公共问题的解决。污染是典型的具有外部性的公共问题，因此对污染治理进行财政投资是政府的职能之一。据汇丰银行（2009）的研究报告显示，在2008年的4万亿元人民币投资中，中国投入节能减排、生态工程、结构调整和技术改造等有利于环境改善的低碳项目的资金占比高达38%，仅次于韩国（81%）和欧盟（59%），远超处于第6位的美国（12%）。从绝对规模来看，中国环境治理投资从2005年的2388亿元增长至2014年的9575.5亿元。然而，与环境治理投资迅猛增长相悖的是环境治理的效果似乎并不明显。2014年公布的“十二五”规划中期评估结果显示：非化石能源占一次性能源消费的比重仅升至9.4%、单位GDP能耗仅下降5.54%，二氧化碳排放强度仅下降6.6%，而以上的预期目标分别为11.4%、16%、17%[①]。这意味着氮氧化物作为主要的污染物排放甚至不降反升，环境治理投入的增长并没有收到良好的治理效果，现实环境的恶化迫切要求从绩效改进的角度重新审视跨行政区流域水污染治理的效率。2005~2014年全国环境治理投入见表5.4。

表5.4　　2005~2014年全国环境治理投入

年份	全国财政收入（亿元）	全国财政支出（亿元）	全国环境治理投入（亿元）	环境治理投入占当年财政收支比重（%）	
				收入	支出
2005	31649.29	33930.28	2388.00	7.55	7.04
2006	39373.20	40422.73	2566.00	6.52	6.35
2007	51321.78	49781.35	3387.30	6.60	6.80
2008	61316.90	62427.03	4490.30	7.32	7.19
2009	68477.00	75874.00	4525.30	6.61	5.96
2010	83101.51	89874.16	7612.20	9.16	8.47
2011	103874.43	109247.79	7114.00	6.85	6.51
2012	117253.52	125952.97	8253.60	7.04	6.55
2013	129209.64	140212.10	9037.20	6.99	6.45
2014	140350.00	151662.00	9575.50	6.82	6.31

表5.4反映出，从2005~2014年，中国财政收入和支出增长迅速，10年间财政收入从31649.29亿元增长到140350.00亿元，增长4.43倍；财政支出从33930.28亿元增长到151662.00亿元，增长4.47倍。同期全国环境治理财政投入从2388.00亿元增长到9575.50亿元，增长4.01倍，略缓于同期财政收入和支出增长水平，但与环境治理投入增长相对应的是流域水环境并没有得到明显的改善。

如果将这个数据与同期全国废水增长相比，我们发现2005年全国废水排放量为524.5亿吨，2014年全国废水排放量为617.3亿吨，10年

---

① 张亚斌，马晨，金培振．我国环境治理投资绩效评价及其影响因素——基于面板数据的SBM-TOBIT两阶段模型［J］．经济管理，2014（4）：171-180.

间废水排放量增长 1.18 倍。也就是说，废水治理投资的速度还是快于废水排放量增长的速度的，但为什么水环境却未见改善？问题的答案可能：一是由于水环境的改善是一个长期过程，短时间内难见效果；二是统计数据有误，也许废水实际排放量远远大于统计数据。抛开上面两种可能，会不会存在其他答案？

2008 年国家审计署对“三河三湖”（辽河、海河、淮河、太湖、巢湖、滇池）流域 13 个省市自治区 2001 ~ 2007 年水污染防治绩效情况进行审计调查，发现部分水污染防治资金管理和使用不够规范。一是挪用和虚报多领水污染防治资金 5.15 亿元。其中 7 省（含自治区和直辖市）的一些部门和单位挪用水污染防治资金 4.03 亿元；4 省的一些部门和单位虚报项目和虚报投资完成额等多领水污染防治资金 1.12 亿元。二是少征、挪用和截留污水处理费及排污费 36.53 亿元。其中 9 省应征未征、单位欠缴污水处理费和排污费 21.43 亿元；13 省的相关企业、单位和部门挪用、截留污水处理费和排污费 15.10 亿元。三是水污染防治资产闲置和部分污水处理厂实际处理能力未达到设计要求。其中 10 省存在水污染防治项目资产闲置的问题，涉及金额 8.06 亿元；“三河三湖”流域有 206 座污水处理厂实际污水处理能力达不到设计要求①。

审计署审计结果证实了前面的猜想——国家对水污染防治资金的投入并没有专款专用，挪用水污染防治资金，说明地方政府对水污染这种具有明显外部效应的公共事务有搭便车的趋势；虚报多领水污染防治资金说明地方政府之间及地方政府与中央政府的博弈，也反映出地方政府向上“争项目、争政策、争资金”的行为方式；水污染防治资产闲置说明地方政府的职能缺位和在一定程度上与企业的共谋。这一点在全国环境治理总投资于废水治理总投资的比例关系中也得到体现，见表 5.5。

---

① 中华人民共和国审计署审计结果公告．“三河三湖”水污染防治绩效审计调查结果 [R]. http://www.gov.cn, 2009 - 10 - 28.

表5.5　2005～2015年全国废水治理投资及占环境治理总投资的比重

年份	环境污染治理投资总额（亿元）	城市环境基础设施建设投资（亿元）	工业污染源治理投资（亿元）	废水治理投资（亿元）	废水治理投资占总投资的比重（%）
2005	2565.2	1466.9	458.2	133.7	5.2
2006	2779.5	1258.4	483.9	151.1	5.4
2007	3668.8	1749.0	552.4	196.1	5.3
2008	4937.0	2247.7	542.6	194.6	3.9
2009	5258.4	3245.1	442.6	149.5	2.8
2010	7612.2	5182.2	397.0	129.6	1.7
2011	7114.0	4557.2	444.4	157.7	2.2
2012	8253.5	5062.7	500.5	140.3	1.7
2013	9037.2	5223.0	849.7	124.9	1.4
2014	9575.5	5463.9	997.7	115.2	1.2

环境治理投资和废水污染治理投资上的比例分析说明，中央政府和地方政府在环境管理的动力机制上是存在差异的[①]。根据公共产品的性质和中央政府与地方政府的职能分工，中央政府和地方政府职能覆盖的地理区域不同，导致了两级政府在环境管理领域存在差异——地方政府环境管理项目主要针对的是限于当地收益的项目，在关系全国主要河流、湖泊的环境治理方面显得无动于衷和迟钝。从图5.3可以看出，中国政府（含中央和地方）用于环境治理的财政投入增长迅速，从2005年的2565.2亿元增长到2014年的9575.5亿元，但废水治理投资增长速度缓慢，仅从2005年的133.7亿元增长到2007年的峰值196.1亿元，之后呈逐年下降的趋势，且2010年、2013年及2014年用于废水治理的投资少于2005年，而同期城市环境基础设施建设投资、工业污染源治理投资分别从1466.9亿元、458.2亿元增长到5463.9亿元和997.7亿元。这一方面反映了废水治理投

① 金通．环境管理动力差异的博弈论解释及其含义［J］．统计与决策，2006（1）：34－35.

资占环境污染治理投资总额的减少；另一方面也反映了国家从源头上治理污染的思路。从资金来源看，城市环境基础设施建设投资的资金来源主体是地方政府，工业污染治理投资由地方政府和中央政府分担。污染治理投向和来源的分布至少说明了两点：一是中央政府和地方政府在环境管理上侧重点是不同的；二是污染治理资金主要来源于地方政府，但地方政府的治污重点在城市环境基础设施建设，在大江大河污染治理项目上的投资很少。可见，废水治理还没有受到中央和地方政府的同等重视，而废水中含有的各种污染物恰恰是流域水污染的重要来源。环境治理投资的比例和投向领域反映出地方政府在流域污染治理上实际动力的不足，其行为与中央政府所期望的环境管理目标存在背离，而中央又根据《水法》和《水污染防治法》中的区域管理原则将治理责任转移到地方政府，反映出二者在水污染治理职责和投资上的博弈关系。

上述现象可以用博弈模型进行表述①。假设 E_C 和 E_L 分别代表中央和地方用于废水治理的投资，F_C 和 F_L 分别代表中央和地方用于城市环境基础设施建设的投资，中央和地方的战略是选择各自的投资分配。假定中央和地方的收益函数都取柯布—道格拉斯形式，则：

$$R_C = (E_C + E_L)^{\gamma} (F_C + F_L)^{\beta} \tag{5.1}$$

$$R_L = (E_C + E_L)^{\alpha} (F_C + F_L)^{\beta} \tag{5.2}$$

式（5.1）和式（5.2）中，$0 < \alpha,\beta,\lambda < 1$；$\alpha + \beta \leqslant 1$；$\beta + \lambda \leqslant 1$。因为相比于城市环境基础设施建设的投资而言，废水治理投资的外部性强、见效缓慢，不符合地方政府在任期绩效考核中的理性，而对中央政府而言则不存在地方政府所考虑的这种外部性，因此假定 $\alpha < \gamma$。如果用 B_C 和 B_L 分别代表中央和地方可用于投资的总预算资金，在预算约束条件下，中央政府的决策问题是：

$$\max_{\{E_C,F_C\}} R_C = (E_C + E_L)^{\gamma}(F_C + F_L)^{\beta}$$

① 张维迎．博弈论与信息经济学［M］．上海三联书店，2004：112.

$$s.t.\ E_C + F_C \leqslant B_C, E_C \geqslant 0, F_C \geqslant 0 \tag{5.3}$$

地方政府的决策问题是：

$$\max_{\{E_L, F_L\}} R_L = (E_C + E_L)^{\alpha}(F_C + F_L)^{\beta}$$
$$s.t.\ E_L + F_L \leqslant B_L, E_L \geqslant 0, F_L \geqslant 0 \tag{5.4}$$

假设可用于投资的总预算资金全部用于投资，解上述问题的一阶条件，可得中央和地方的反应函数：

$$E_C^* = \max\left\{\frac{\gamma}{\beta + \gamma}(B_C + B_L) - F_L, 0\right\} \tag{5.5}$$

$$E_L^* = \max\left\{\frac{\gamma}{\alpha + \beta}(B_C + B_L) - F_C, 0\right\} \tag{5.6}$$

上述反应函数意味着，中央政府在废水治理上每增加1个单位的投资，地方政府的最优投资就减少1个单位；反之亦然。但中央政府理想的废水治理最优投资总规模大于地方政府的废水治理最优投资总规模，即：

$$E_C^* + E_L = \frac{\gamma}{\beta + \gamma}(B_C + B_L) > \frac{\gamma}{\alpha + \beta}(B_C + B_L) = E_L^* + E_C \tag{5.7}$$

不等式（5.7）意味着，在均衡点上至少有一方的最优解是角点解，见图5.3。

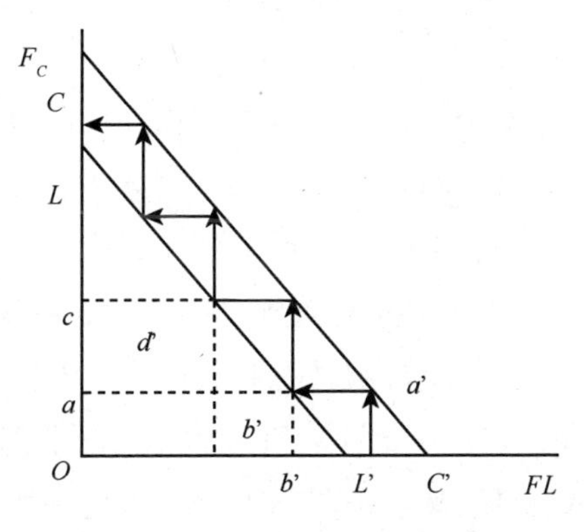

图5.3　废水治理投资博弈

在图 5.3 中，CC' 代表中央政府的反应函数曲线，LL' 代表地方政府的反应曲线。$OC = OC' = \frac{\gamma}{\beta + \lambda}(B_C + B_L)$ ，$OL = OL' = \frac{\alpha}{\alpha + \beta}(B_C + B_L)$。如果 $B_C \geqslant \frac{\gamma}{\beta + \gamma}(B_C + B_L)$ ，使用重复剔除严格劣战略的方法可得，(0, OL) 是剔除后的唯一的战略组合，此时纳什均衡为：$E_L^* = 0, F_L^* = B_L$ ；$E_C^* = \frac{\gamma}{\beta + \gamma}(B_C + B_L), F_C^* = B_C - \frac{\gamma}{\beta + \gamma}(B_C + B_L)$ ；如果 $\frac{\alpha}{\alpha + \beta}(B_C + B_L) \leqslant B_C < \frac{\gamma}{\beta + \lambda}(B_C + B_L)$ ，纳什均衡为：$E_L^* = 0, F_L^* = 0; E_C^* = B_C, F_C^* = 0$ ；如果 $B_C < \frac{\alpha}{\alpha + \beta}(B_C + B_L)$ ，纳什均衡为：$E_L^* = \frac{\alpha}{\alpha + \beta}(B_C + B_L) - B_C > 0$ ；$F_L^* = B_L - E_L^* = \frac{\beta}{\alpha + \beta}(B_C + B_L) > 0$ ；$E_C^* = B_C, F_C^* = 0$ 。因此，对双方投资的比例和趋势很容易看出，中央和地方在废水治理投资的资金分配格局中满足了地方政府的利益偏好，即不断加大城市环境基础设施建设（这无益于从根本上改善流域水环境）。纳什均衡说明，对于外部性强的公共物品，地方政府难以有积极性进行投资，这与图 5.3 和表 5.5 反映出的情况是一致的。

5.2.3 地方政府间的跨行政区流域水污染事故博弈

流域生态环境的不断恶化，使突发性的水污染事故频繁发生。从松花江的水污染事故，到太湖、巢湖、滇池的蓝藻接连暴发，再到湘江的重金属污染，形成了遍布全国性的水污染地图，中国进入了水污染密集爆发的阶段，见表 5.6。这些重大的跨行政区水污染事故等事实上说明在近 10 年中，尤其是在 2007 年以前中国在水污染治理上的努力“收效甚微”；同时也反映出目前中国流域管理体制尚不能满足流域污染治理的现实需要，对水污染事故事前防范不力和事后处理协调机制不健全，导致中国水污染事故爆发频率居高不下。

表 5.6　　2010～2014 年典型水污染事件

时间	事件	详情
2014 年 9 月	腾格里沙漠污染事件	腾格里工业园区化工企业将未经处理的污水排入沙漠，严重破坏沙漠生态环境
2014 年 5 月	铜陵有色污染事件	铜陵有色超标污水直接排入长江，造成水体污染
2013 年 7 月	广西贺江水污染事件	广西贺州一选矿厂将含镉、铊等重金属的废水排入岩溶裂隙、溶洞，最终汇入贺江支流马尾河而造成的水体污染
2013 年 5 月	廊坊电镀废液污染事件	廊坊市部分小电镀厂将未经处理的污水及电镀废液排放到水域或地下渗井中，造成周边水沟、河流的酸性和重金属含量严重超标
2013 年 4 月	昆明“牛奶河”污染事件	昆明东川三家矿业企业私设暗管，将含有有毒物质的尾矿水、尾矿砂等直排小江，严重污染水体及流域土壤，小江河水变白并流入下游的金沙江，造成进一步污染
2012 年 2 月	广西龙江河镉污染事件	广西两企业将含镉废水偷排入龙江河，镉泄漏量约 20 吨，波及河段约 300 公里，沿江居民生活受到严重影响
2011 年 8 月	江西瑞昌水污染事件	江西瑞昌一冶炼公司将含氯化钠、铜精矿等的工业废水长期随意排放，废水渗入土壤腐蚀地下自来水管致破裂并污染了水质，百余人饮水中毒
2011 年 6 月	广东化州水污染事件	广东化州新安某高岭土厂违法偷排未经处理含酸性废水，致使当地河流与水库污染，并威胁湛江数百万人的饮用水安全
2010 年 7 月	紫金矿业水污染事件	紫金矿业上杭工厂废水外渗，造成沿江上杭、永定鱼类大面积死亡和水质污染

资料来源：中国产业信息网整理。

以江苏省苏州市和浙江省嘉兴市的水污染事故为例，江浙边界自 1993～2005 年共发生了 13 次大的跨行政区流域水污染事故，其中 8 次未能得到有效解决，在其他得到有效解决的 5 次事故中，是由于国务院总理亲自批示和国家环保部出面协调，制定了江浙双方认可的解决方案，且处理意见在有效监督的前提下才得以落实。另外一个促成合作的重要原因是流域污染区域居民的激烈表现。在“拦河筑坝”事件中，由于下游居民对上游污染的反抗而引起了中央政府和上级部门的重视，形成了事故处理的政策源流。此中，中央政府的重视可能加强对事件处理不力的地方官员的处罚，而居民的“拦河筑坝”行为可视为下游采取的“以牙还牙”的报复策略，整个事件的闹大，促进了新闻媒体的报道，加大了信息公开的程度，从而减少了博弈参与人之间的道德风险，使事态朝着合作博弈的方向进展。

5.3　湘江流域水污染府际博弈的个案分析

湘江发源于广西壮族自治区东北部的海洋山，上游称海洋河。在湖南省永州市市区与发源于湖南省永州市蓝山县的潇水汇合，开始称湘江直至岳阳注入洞庭湖。湘江是湖南的母亲河，湖南省的最大河流，干流长 856 公里，湖南境内 670 公里，流域面积 94660 平方公里，湖南境内 85383 平方公里，每年平均径流量 643 亿立方米，是长江主要支流之一。湘江流域所经区域是湖南最发达的区域，城镇密集，人口密集，工业集中——水系由南到北跨永州、郴州、衡阳、娄底、株洲、湘潭、长沙、岳阳 8 个地市，流域内人口达 4000 万，以湘江干流为饮用水源的人口约 1800 万人，流域 GDP 多年平均值占湖南省的 73% 左右。湘江虽然不像长江、黄河是一个跨越多个省区的河流，但作为湖南的母亲河却流经湖南 13 个地级市的 8 个。因此，以湘江作为流域污染治理府际博弈的个案具有典型的意义——虽然湘江流域治理不涉及多省区合作，但是涉及一个省级行政区内多个地市级行政区的合作，如果能揭示一个省级行政区内的各地市在流域治理上的博弈关系，可以更好地理解中国整个跨行政区流域越界污染治理的复杂性及其之间的博弈关系。

5.3.1　湘江流域水环境质量状况

20 世纪 70 年代以前，有“绿色湘江”之称的湘江整体水质在二至三类间，但20世纪70年代后，大量工业和生活污水及废物的排放使湘江水质持续恶化。以2007年为例，湘江流域排放工业废水5.67亿吨，生活污水11.19亿吨。流域内汞、镉、铅、砷的排放量分别占全国排放量的54.5%、37%、6.0%和14.1%①，重金属污染已成为湘江的难治之症。

作为湖南的"母亲河"，湘江的质变不到半个世纪的时间②。1957年，湖南省卫生防疫部门的监测报告显示湘江水质总体良好，但到了1966年，湘江就被监测出了铬、铅、锰、锌、砷等重金属；1971年，位于湘江中游的衡阳发生了中国环境史上第一次因流域重金属严重超标而出现居民饮用水被迫停止供应的事件；1978年，中科院地理研究所的报告分析指出，湘江已成为国内污染最严重的河流之一。目前，湘江流域由南到北分布着郴州三十六湾、衡阳水口山、株洲清水塘、湘潭竹埠港和长沙坪塘五大工矿污染源，见表5.7。

表5.7　湘江流域重点污染区域基本特征

重点污染区域	主要产业	产业地位
郴州有色金属采选地区	有色金属采选、冶炼，轻纺	全国著名有色金属矿藏、采选、冶炼聚集区
衡阳水口山、松江地区	有色金属采选、冶炼	中国铅锌工业摇篮
株洲清水塘地区	有色、冶金、化工、建材	全国重工业基地之一
湘潭岳塘、竹埠港地区	化肥、医药、冶炼、染料	全国精细化工基地之一
长沙坪塘	化工、建材、包装	长沙著名的水泥、化工企业聚集区

在长期的污染下，湘江水质急剧恶化，从中游的衡阳以下，湘江污染逐渐加重，尤其是在处于湘江下游的长株潭城市群已不堪重负。为此，原湖南省环保局局长傅玉辉曾说："湘江污染已到了非整治不可的

① 欧阳洪亮，张瑞丹．湘江：中国重金属污染最严重的河流［EB/OL］. http://discover. news. 163. com，2009－08－29.

② 程笛．湘江受重金属污染造成直接经济损失每年40亿元以上［N］. 光明日报，2009－08－17.

地步了”。湘江流域被污染的区域主要集中在下游的长沙、株洲和湘潭三个城市。这种现象存在的根本原因，在于湘江管理的行政分割体制，“上游排污，下游叫苦”成为跨行政区流域水污染的典型特征，“你污染我，我污染他”成为排污潜规则，区域行政分割的管理体制使一些地方政府愿意以牺牲环境利益为代价换取区域经济竞争的优势，这也成为沿湘江沿岸一些地方政府谋求发展的思维模式。

5.3.2 湘江流域沿岸政府的地方保护主义

湘江流域的污染引起了湖南省政府和国家的高度重视，湘江污染治理投资逐年增加，但治理成效尤其是重金属治理成效未见明显改观。湘江污染难以根治，尽管有客观原因，但沿岸地方政府的保护主义是一个重要原因。时任湖南省发改委副主任徐湘平表示，“个别区县政府没有很好地履行环保职责，地方保护主义思想严重，随意降低准入门槛，有的未经环保审批就直接上马建设项目，致使环保第一审批权和一票否决权难以执行到位；有些地方将开发区、工业园区实行特殊保护，工业园区成了环境污染的保护区。”① 这种说法并非空穴来风，从被媒体报道而广为人知的2010年郴州“血铅事件”中，不难发现地方保护主义的影子。

“血铅事件”的元凶——嘉禾县腾达金属回收有限公司和嘉禾县金珠金属有限公司屡次接到郴州市环保局的停产通知仍屡禁不止，被媒体誉为“十道环保令牌仍关不了非法冶炼企业”。郴州市环保局的10次环境监察记录②，也许能够更清晰地说明下级政府是怎样与上级政府及环保部门博弈的：在整个监察过程中，郴州市环保局不断发现腾达和金珠两公司的违法行为，前后10次建议嘉禾县进行查处，且在这个过程中惊动了湖南省省委书记和郴州市市长，有省委书记的交办信件和市长的

---

① 肖雯栎，肖文溢．污染已成“切肤之痛”[N]．三湘都市报，2006-06-21.

② 明星，周勉．血铅之痛——湖南郴州“血铅超标”事件调查与反思 [EB/OL]．http://news.xinhuanet.com，2010-03-23.

督办卡，但是这两家非法企业却依然“屡关屡产”，在广发乡党委、政府的眼皮底下死灰复燃。整个事件的过程对于理解环境保护中的地方政府行政不作为和环保部门的执法效率不无意义，而地方政府行政不作为的原因，在于对GDP的崇拜，在于嵌入在地方政府经济竞争博弈中的政治晋升博弈，在于环保部门面临的执法障碍，而这一切的更深层次原因在于在现有的博弈规则下，污染是理性的地方政府的最优选择。

无独有偶，郴州的“血铅事件”并不是“前无古人”。在2006年9月岳阳砷污染事件中，污染的肇事企业——岳阳浩源化工有限责任公司却挂着“临湘市政府重点保护企业”的牌匾。实际上，这家被“重点保护企业”却只是一个年产硫酸4万吨的、国家明令禁止的“高能耗、高排放、高污染”的“五小”项目。何以这样一个企业能一路绿灯，且2004年投产后一直不进行环保审批？原因在于它是临湘市政府引进的一家“上规模”的民营企业。设想如果没有地方政府的保护，该企业何以能不通过环保审批就进行生产？为此，时任国家环保总局副局长潘岳在该事件调查过程中直言不讳地说：“看似责任在企业，实际根源在当地政府，在地方保护主义，政府不作为是导致污染事件的根本原因”①。

地方政府的保护使环境执法尤为艰难。在湘江流域的郴州三十六湾矿区，一位矿主表示“没有后台庇护的矿山，根本无法生存；有后台的，就可以乱采滥挖。”临武县国土资源局一名工作人员透露：“前纪委书记曾锦春在被查前，曾为三十六湾多名矿主充当保护伞；凡是与曾有关的矿山，执法队都只能敬而远之，其亲戚在三十六湾有四五家矿山，都是无证的非法矿山，随意开采并到处排放废渣。”1998年，临武县地质矿产局分管矿山环境治理整顿的副局长蒋贤儒，曾带执法队先后将其矿洞炸了五次，但每次很快就死灰复燃。有些矿主甚至以“我在上面有人，谁关我的矿山我就把谁搞倒”威胁执法人员，要求赔偿损失②。果然不久，负责整治的蒋

---

① 转引自罗新云，张涛．岳阳污染事件与隐形地方保护主义［J］．决策，2006（12）：40－41.

② 欧阳洪亮．湘江沉重：重金属污染危机爆发阶段或将来临［N］．财经，2007－11－27.

贤儒被当地纪委“双规”，并被以受贿罪被判5年有期徒刑，直到曾锦春落马后，当地法院才组织复查蒋案。嘉禾县环保局一位局长表示，“如果嘉禾环保部门要到临武县三十六湾去调查了解情况，需要由公安陪同并且乘坐警车才行，否则就会有被矿里扣留的危险。”

详细了解矿区治理困难的原因发现，仅三十六湾的矿业企业，每年就可以为临武县创造上亿元的财政收入，而临武县年均财政收入不足3亿元，污染企业对地方财政的绑架使各地方政府保护有加。地方保护主义和局部利益驱动，已使湘江治理在上下游之间、上下级政府之间、有关部门之间乃至排污企业之间矛盾重重。为此，时任湖南省人大环境与资源保护委员会副主任文志强强调：“在以往地区分割的体制下，湘江沿岸各地区污染治理难以同步，往往这里重视环保，那里大谈招商。湘江治污需要法制保障，当务之急是建立湘江流域的污染防治综合管理机制，制定整个流域的保护规划。”①

湘江流域出现的情况并非特例，如前文所述，嵌入在经济竞争中的政治晋升博弈使政府官员不得已而为之。政治晋升博弈的基本特点是某一官员的晋升将直接降低另一官员晋升的机会，或者说，在不存在联盟的情况下，政治晋升博弈是一个零和博弈（在不存在联盟时，晋升的利益相互冲突，一方所得即为另一方所失），可用如下博弈模型表述：设在同一个市级行政区中有 N 个县级行政区，$N \geqslant 2$ ，现在要从这 N 个县级行政区的县委书记中选择1人担任本市的市委副书记，在只有1人能够晋升的前提下，这 N 人间的博弈将是零和博弈。政治晋升博弈使政府官员在经济、社会、文化、环境保护等领域的合作不得不考虑这些合作对自己晋升位次的影响。周黎安②在 Lazear 和 Rosen③ 的基础上提供了晋

① 转引自林俊，梁斌勋．湘江治污：建立湘江污染防治管理机制［N］．长沙晚报，2009－07－27.

② 周黎安．晋升博弈中政府官员的激励与合作——兼论我国地方保护主义和重复建设问题的长期存在的原因［J］．经济研究，2004（6）：33－40.

③ Lazear，E.，s. Rosen. Rank-Ordered Tournaments as Optimal Contracts［J］. Journal of Political Economy，1981（89）：841－864.

升博弈中地方官员的激励与合作模型。在晋升博弈中，假设上级政府（或部门）对两个同级的下级政府官员的经济绩效进行考核，绩效高者得到提拔。y_i 表示每个地区的经济绩效，地方政府官员的努力与经济绩效的关系由 $y_i = a_i + ra_j + e_i(i = A,B;i \neq j)$ 表示。其中，a_i 表示地方政府官员 i 的努力程度；a_j 表示地方政府官员 j 的努力程度；r 表示地方政府官员 j 的努力对地区 i 的经济绩效的边际影响；e_i 是一个随机扰动项，e_i 和 e_j 相互独立，且 $(e_j - e_i)$ 服从一个期望值为零、独立和相同的对称分布 F。基于委托代理关系，努力程度 a_i 和 a_j 都是很难被观察到，而 y_i 是比较容易观察到的。

计算地方政府官员 i 获得晋升的概率：

$$\begin{aligned} p_r(y_i > y_j) &= p_r[(a_i + ra_j + e_i) - (a_j + ra_i + e_j) > 0] \\ &= p_r[e_j - e_i < (1 - r)(a_i - a_j)] \\ &= F[(1 - r)(a_i - a_j)] \end{aligned} \tag{5.8}$$

则地方政府官员 i 的效用函数：

$$U_i(a_i,a_j) = F[(1 - r)(a_i - a_j)]V + \{1 - [(1 - r)(a_i - a_j)]v - C(a_i)\} \tag{5.9}$$

由式（5.9）可得，地方政府官员 i 效用最大化的一阶条件：

$$(1 - r)f[(1 - r)(a_i - a_j)](V - v) = C'(a_i)(i = A,B) \tag{5.10}$$

$f(\cdot)$ 是分布函数 F 的密度函数。在对称性均衡下，上述一阶条件可化为

$$(1 - r)f(0)(V - v) = C'(a_i)(i = A,B) \tag{5.11}$$

将式（5.11）与社会福利最大化的一阶条件 $(1 + r) = C'(a_i)(i = A,B)$ 比较发现：在社会福利最大化的情况下，r 越大意味着地方官员的

激励越大，而在政治晋升博弈中，r 越大意味着地方官员的激励越小[①]，即如果某一地方官员的努力程度对其他地区有积极（或消极）的影响，那么这种影响将会削弱（或加强）该官员努力程度的激励。这种溢出效应使地方官员在政治晋升博弈中只关注自己与竞争者在晋升中的相对位次，参与人不仅有激励做对自己有利的事，而且也有激励做对竞争者不利的事，如此则“血铅事件”的出现不是偶然。

可喜的是，湘江流域的污染治理逐渐引起了高层的重视。2007 年 4 月，湖南省政府正式通过了《“十一五”湘江流域污染防治规划》和《“十一五”湘江流域镉污染防治规划》。2009 年 4 月 18 日，环境保护部和湖南省签署了《共同推进长株潭城市群两型社会建设合作协议》，双方同意在环境经济政策改革试点、工业污染防治、湘江流域生态环境综合治理、环保科技示范工程等方面加强合作。目前，湘江已纳入国家大江大河治理范畴，这意味着国家对湘江治理的投资将明显增加。更为重要的是，高层在制度上的重视，对于改变湘江治理上的博弈均衡将起到非常大的作用。

5.3.3 湘江流域的环境同治

早在 1998 年 8 月，湖南省第九届人民代表大会常务委员会第三次会议通过《湖南省湘江流域水污染防治条例》，拉开了湘江治理的序幕。此后，湘江流域的协同治理就不断被有识之士提出，但各行政区之间的重重壁垒使湘江治理难以脱离其桎梏。长株潭城市群经济一体化进程的加快推动了湘江沿岸长沙、株洲、湘潭三市的环境同治步伐。2006 年 7 月，湖南省制定《长株潭环境同治规划》，迈出了湘江流域环境同治的坚实一步；紧接着，湖南省颁布了《湖南省人民政府关于长株潭区域产

---

① 周黎安．晋升博弈中政府官员的激励与合作——兼论我国地方保护主义和重复建设问题长期存在的原因［J］．经济研究，2004（6）：33－40.

业发展环境准入的通知（代拟稿）》，对长株潭区域产业建设项目环境准入标准进行了严格的限定；2006年11月，湖南省政府发布了《长株潭三市环境同治目标责任考核办法》的通知，规定上游城市对下游城市水质负责，“污染下游，上游扣分”，年度考核环境同治目标考核得分75分以下的市，其市长在“评优评先”活动中实行一票否决；2007年12月，长株潭城市群获批“资源节约型和环境友好型社会综合配套改革试验区”，吹响了长株潭城市群甚至湖南省两型社会建设的号角，为湘江流域的环境同治创造了更好的整体氛围。

2008年6月2日，湖南省政府召开湘江流域水污染综合整治工作会议，“千里湘江碧水行动”正式启动，成立了湘江流域水污染综合整治委员会，通过了《湖南省人民政府湘江流域水污染综合整治实施方案》，计划用3年时间解决湘江流域水污染中的突出问题，以及株洲清水塘、衡阳水口山（含松江）、湘潭岳塘和竹埠港工业区和郴州有色采选集中地区的环境污染问题。为实现《方案》中的目标需投入资金174亿元，完成水污染整治项目976家（个），其中造纸企业384家，城镇污水处理、生活垃圾处理项目125个，以及整治采选、冶炼、化工、食品、畜禽养殖等主要行业的企业467家。湘江流域水污染综合整治情况见表5.8。

从表5.8可以看出：在湘江流域水污染综合整治任务中，取缔关闭、淘汰退出、停产治理和限期治理完成得比较好，禽畜养殖限期治理完成了22.2%，而搬迁、城镇污水处理、生活垃圾处理、造纸企业污染整治的进度还没有达到要求。为确保完成湘江水污染综合整治任务，湖南省委、省政府要求沿岸各市县人民政府及相关部门高度重视，履行8市人民政府与省政府签订的目标责任书，协同作战、强化考核，形成各级各部门一把手负总责的责任机制。从湖南省委、省政府的表态中，可以看出无论是签订目标责任书，还是加强部门联动，或是实行的各级各部门一把手负总责的制度，都是在强调一个核心思想：湘江流域的治理不是某一级政府、某一个部门能够完成的任务，流域治理涉及跨多个行政区和多个部门之间的权责安排，如何避免相互之间的扯皮推诿，形成流域治理的合力，是治理能否取得预期效果的关键。湖南省实行的“污染下游，上游扣分”的环境同治做法和各市县行政首长负责的目标考核制，无疑是为了使污染治理成为各地方政府的重点工作，至少是要求在经济增长的过程中不至于牺牲环境利益。

表 5.8　　湘江流域水污染综合整治进度（截至 2009 年 6 月 2 日）

类别		城市								
		永州	郴州	衡阳	娄底	株洲	湘潭	长沙	岳阳	合计
取缔关闭	总数	15	17	4	0	1	0	0	0	37
	完成比例（%）	100	100	100	0	100	0	0	0	100
淘汰退出	总数	1	3	6	3	0	8	0	0	21
	完成比例（%）	100	100	100	100	0	100	0	0	100
停产治理	总数	4	207	12	0	1	9	2	5	240
	完成比例（%）	100	100	100	0	100	100	100	100	100
限期治理	总数	15	18	17	2	16	20	15	19	122
	完成比例（%）	33.3	50	23.5	0	56.3	45	53.3	36.8	41.8
畜禽养殖限期治理	总数	5	2	4	5	7	4	4	5	36
	完成比例（%）	60	0	0	40	14.3	25	0	20	22.2
搬迁	总数	0	0	3	0	5	1	2	0	11
	完成比例（%）	0	0	0	0	0	0	100	0	0
城镇污水处理	总数	10	9	11	3	7	5	12	9	62
	完成比例（%）	0	0	0	0	0	0	0	0	0
工业园污水处理	总数	1	3	2	0	0	1	0	0	11
	完成比例（%）	0	0	0	0	0	0	0	0	0
生活垃圾处理	总数	10	9	8	3	6	4	3	7	50
	完成比例（%）	0	0	0	0	0	0	0	0	0
造纸企业污染整治	总数	39	58	29	3	92	30	120	13	384
	完成比例（%）	0	0	0	0	0	0	0	0	0

资料来源：根据湖南省环境保护厅“千里湘江碧水行动”工作进度整理所得。

“千里湘江碧水行动”中的制度安排充分考虑到了在流域治理中地方之间，以及下级地方政府和上级地方政府之间的博弈行为，各项责任制度的实施对于改变博弈的均衡无疑起到了很大的作用，近年湘江水质的好转也证明了治理的效果。湖南省实行的流域污染治理行政首长负责制与浙江、江苏等省份实行的“河长制”有异曲同工、殊途同归之处，对其他流域的治理有很多有益的启示和借鉴。由此，我们也有理由相信，只要流域污染治理的各项制度真正落实到位，有效地规制和监督政府行为，跨行政区流域综合治理，还流域以清洁的目标是可以实现的。

5.4　本章小结

本章通过对流域污染概况和特征的描述发现，中国现阶段流域污染恶化的态势没有得到根本的转变，并且呈现出面源污染逐渐扩大的趋势，为今后的污染治理提出了更严峻的挑战。统计资料证明：地方政府在流域污染中存在“搭便车”行为，流域界面水质劣于流域整体水质，而在污染治理投资中，地方政府更倾向于把资金投往易见效果的城市环境基础设施建设中，但这并无益于流域水污染的治理，也无法化解当前水污染恶化的趋势。同时，湖南省近年来发动的“千里湘江碧水行动”也表明流域水污染治理，或者说流域水环境的整体改善有赖于博弈参与人之间的相互合作，湖南省湘江流域提出的“环境同治”做法，为其他流域的治污工作，提供了一套更加科学的目标考核办法。

第6章 美澳两国典型跨行政区流域治理的经验及启示

流域往往具有跨行政区域的特征，美国田纳西河流域和澳大利亚墨累—达令河流域都是典型的跨行政区流域，且在流域管理方面取得了显著的成效，积累了丰富的经验，这对我国流域管理具有重要的借鉴意义。美国和澳大利亚分别在田纳西河流域和墨累—达令河流域开发的过程中，通过颁布专门的流域立法和成立专门的流域管理结构，并不断加强管理过程中的公众参与，改善了流域内的自然生态环境和社会环境，成为流域管理成功的典范。本章参考美国和澳大利亚的流域管理经验，提出我国应加强流域管理立法，提高和明确流域管理机构的法律地位和职权，加强流域管理机构与流域政府，以及社会公众之间的协调、沟通与合作，增强流域管理中的民主性和科学性，并通过制定具体的行动方案，提高公众参与流域环境保护的认知和实践的积极性，改善我国流域环境生态恶化的局面。

6.1 国外跨行政区流域水污染治理的经验

6.1.1 美国田纳西河流域的管理

田纳西河是美国第五大河流，全长1046公里，流域面积10.6万平方公里。在20世纪30年代，美国经历了严重的经济危机，为摆脱经济危机的困扰，时任美国总统罗斯福以凯恩斯理论为指导，开始实施“新政”，试图通过大规模的基础设施建设扩大内需，田纳西河流域成为试点。经过几十年的开发实践，田纳西河流域不仅摆脱了贫穷落后的面貌，而且改善了流域内的自然生态环境和社会环境，成为流域管理成功的典范。

（1）通过《田纳西流域管理局法》，成立田纳西流域管理局，为流域统一开发和管理提供法律和组织保障。田纳西河流域地跨7个州，如果不能在州与州之间达成共识，则难以对田纳西河流域进行统一的开发管理。为了实现对田纳西河流域的统一开发，美国国会在1933年通过了《田纳西流域管理局法》，并成立了田纳西流域管理局（tennessee valley authority，TVA）。根据该法，TVA被确定为联邦政府一级机构，在行政上不受流域沿岸各州政府的管理，并赋予TVA在田纳西流域水利建设、发电、航运、渔业等广泛的权力①。

此后，随着时代发展和流域开发管理的需要，《田纳西流域管理局法》不断得到修改和补充，使凡是涉及流域开发管理的重大举措都有相应的法律支撑，奠定了田纳西流域统一开发管理的法律基础和体制机构保障。

除《田纳西流域管理局法》外，《流域保护与洪水防预法》《国家环境政策法》《森林和草原再生资源规划法》和《国家森林管理法》等法律法规的颁布，也对约束破坏流域生态的行为和协调各部门及各州间的利益关系起到了重要作用。

（2）编制流域综合规划为流域自然资源科学开发提供依据和原则。田纳西流域管理作为流域管理的成功典型，其综合开发管理的流域编制

---

① 俞晓春，李三林，贾士权．从美国田纳西河流域管理模式谈我国湖泊管理与保护［J］．江苏水利，2007（8）：41－45；谈国良，万军．美国田纳西河的流域管理［J］．中国水利，2002（10）：157－159；张艳芳，石琰子．国外治理经验对长江流域立法的启示——以美国田纳西流域为例［J］．人民论坛，2011（5）：90－91.

规划也反映了当时美国先进的流域管理思想。在20世纪50年代，TVA在完成了初期的流域开发后，加强了对流域内自然资源的保护工作，并将流域生态保护列入规划编制①。在规划启动时，TVA首先组织各方专家进行实地考察，以诊断需要解决的问题，并在此基础上确定规划目标和内容；其次对流域范围内的资源进行调查，制定多种流域管理规划方案，然后将这些方案送联邦政府，征求意见，进行民主决策。在经过了以上程序后，规划开始正式实施。

（3）管理体制机制的设计同时具有权威性和灵活性。罗斯福认为TVA应既享有政府的权力，同时又具有企业灵活性和主动性。因此，TVA在管理组织结构设计上是由具有政府权力的TVA董事会和具有咨询性质的地区资源管理理事会组成的，见图6.1。董事会由3人组成，行使TVA的一切权力，成员由总统提名，经国会通过后任命，直接向总统和国会负责②。董事会下设"执行委员会"和"地区资源管理理事会"，其中"执行委员会"的各成员分别主管某一方面的业务；"地区资源管理理事会"则是根据《田纳西流域管理局法》和《联邦咨询委员会法》建立的，对田纳西流域的自然资源管理提供咨询性意见。理事会有包括流域内7个州的州长代表等20名成员。

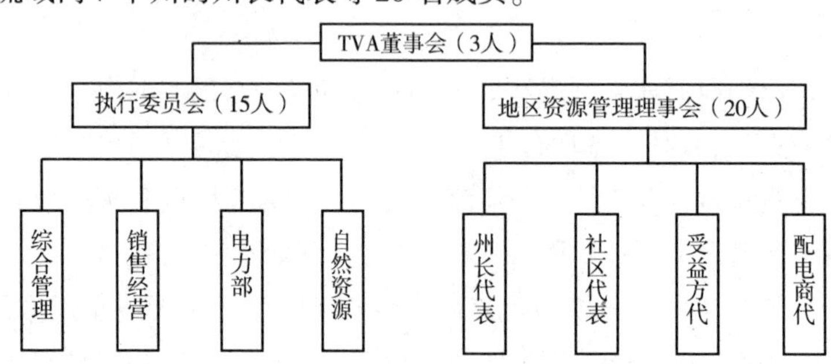

图6.1　田纳西河流域管理组织结构

---

① 尤鑫．田纳西流域开发与保护对鄱阳湖生态经济区建设启示——基于美国田纳西流域与鄱阳湖生态经济区的开发与保护的比较研究［J］．江西科学，2011（5）：672－677.

② 谈国良，万军．美国田纳西河的流域管理［J］．中国水利，2002（10）：157－159.

TVA 执行委员会的下设机构由董事会根据业务需要自主设置和调整。地区资源管理理事会的成员构成则体现了广泛的代表性，有州长代表、社区代表、受益方代表和配电商代表等，其中“执行委员会”中主管河流系统调度和环境的执行副主席被指定为联邦政府的代表参加理事会。理事会每届任期 2 年，每年至少举行两次会议。每次会议的议程提前公告，并记录在案，公众可以列席会议①。会议的决议以民主投票的方式进行表决，获得通过的决议和少数派的意见一起都被送交给 TVA。“地区资源管理理事会”成员构成的代表性为 TVA 与流域内各地区提供了协调沟通的渠道，也促进了公众参与流域管理的积极性。

6.1.2　澳大利亚的墨累—达令河流域

墨累—达令河（murray-darling river）是澳大利亚最大的流域，也是世界最大的流域之一，全长 3750 公里，流域面积约 106 万平方公里，约占澳大利亚国土面积的 14%，地跨昆士兰、新南威尔士、维多利亚、南澳大利亚四州和首都直辖区，是澳大利亚主要的农牧业产区，流域内有 200 万人，占全澳人口总数的 11%。在近百年来，随着人口增长和经济发展，墨累—达令河流域面临着水量减少、水质恶化和土地盐碱化等一系列问题。为应对和改善环境恶化趋势，澳大利亚在流域管理方面不断进行探索和改革，为世界流域管理提供了可供借鉴的经验。

（1）流域管理立法与时俱进，根据现实需要不断调整流域法律的内容。澳大利亚对墨累—达令河流域的管理立法经历了一个逐渐演变的过程。早在 1914 年，澳大利亚联邦就与沿岸的新南威尔士州、维多利亚州和南澳大利亚州共同签署了《墨累河水协议》，以协调墨累河水资源

---

① 谈国良，万军．美国田纳西河的流域管理［J］．中国水利，2002（10）：157－159.

在各州之间的分配。1917 年，联邦政府和以上三州根据《墨累河水协议》成立了墨累河委员会，委员会成员由联邦政府和州政府中负责水资源管理的官员组成，每个委员都拥有否决权，决策须由委员会成员协商一致才可获得通过，初步开始了对流域内的合作管理①，但委员会的主要职责是负责协调，并无实际上的职权，具体事务仍由州政府负责，州政府起主导作用。

这一状况一直到 20 世纪 80 年代末才得到了改变。1987 年，联邦政府和沿岸三州政府共同签署了《墨累—达令流域协议》，取代之前的《墨累河水协议》，加强了流域上下游的合作，以共同应对流域水质恶化的挑战。1996 年和 1998 年，流域上游的昆士兰州及首都直辖区政府也正式加入该协议。根据协议，以上各方成立了部长理事会、流域委员会和社区咨询委员会，以实现对墨累—达令河流域的管理。

2007 年，澳大利亚联邦对墨累—达令河流域进行了新一轮的立法和机构调整。澳大利亚联邦和流域沿岸政府，以及社会各方在 2007 年颁布了《联邦水法》，并于 2008 年出台了《联邦水法修正案》，从法律层面加强了对全流域的综合管理。根据该法案，联邦政府组建了墨累—达令河流域管理局，管理局直接对联邦政府负责，局长由联邦政府总理在征求各州意见后直接任命，同时保留部长理事会、流域委员会和社区咨询委员会，但是部长理事会改由联邦政府主导，决策权也移交联邦政府，委员会没有了否决权，联邦政府统一负责流域水权分配和水资源管理，并设立水质目标，建立水权交易制度②。

（2）流域管理体制与机构设置权责明确，民主协商机制完备。在 2008 年以前，墨累—达令河流域的管理体制与机构设置主要是根据《墨累—达令流域协议》设立的，负责流域管理的机构有三个：墨累—达令河流域部级理事会、流域委员会和社区咨询委员会；2008 年之后则根据

---

① 张艳芳，石琰子．国外治理经验对长江流域立法的启示——以美国田纳西流域为例[J]．人民论坛，2011（5）：90－91.

② 朱玫．墨累—达令流域管理对太湖治理的启示［J］．环境经济，2011（8）：43－48.

新的《联邦水法》和《联邦水法修正案》成立了墨累—达令河流域管理局，见图6.2。

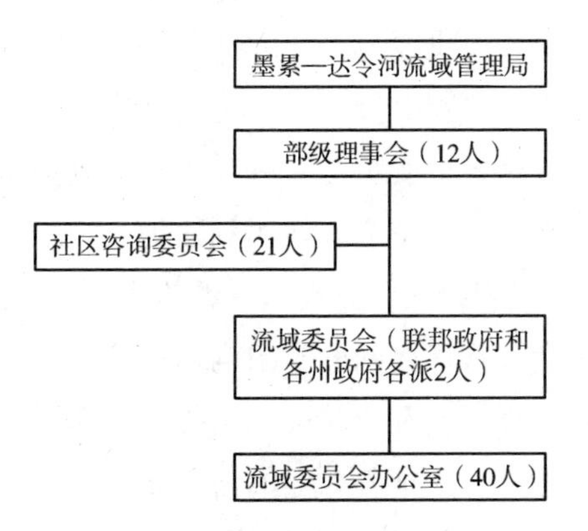

图6.2　墨累—达令河流域管理组织结构

——墨累—达令河流域部级理事会。2008年以前，部级理事会是墨累—达令河流域管理的最高决策机构，由流域沿岸四州中负责水、土地和环境事务的部长共12名成员组成，负责制定有关流域的重大决策并采取统一行动。理事会至少每年召开一次会议，理事会的决议代表着流域内各州政府的意志①。首都直辖区的官员以观察员的身份列席会议，社区咨询委员会主席可以参加部级理事会召开的全部会议。

——墨累—达令河流域委员会。流域委员会是部级理事会的执行机构，其成员由来自流域沿岸四州政府中负责土地、水利及环境的高级官员担任，每州2名；流域委员会主席通常由部级理事会指派的、持中立态度的大学教授担任。流域委员会的职责由流域管理协议规定，通常包括分配流域水资源、向部级理事会提供流域自然资源管理咨询意见、实施资源管理策略、提供资金和框架性文件②。另外，流域委员会下设一个由40名工作人员组成的办公室负责日常事务，这些人员来自政府、

① 高琪，杨鹤．墨累—达令河流域管理模式研究［J］．法制与社会，2008（1）：272－273.

② 朱玟．墨累—达令流域管理对太湖治理的启示［J］．环境经济，2011（8）：43－48.

大学、企业及社区的有关自然资源管理专家。

——社区咨询委员会。社区咨询委员会是部级理事会的咨询协调机构，由来自4个州、12个地方流域机构（根据墨累—达令流域的特点，该流域分成12个单元，并相应成立了12个地方流域机构，每个流域机构派1名代表加入社区咨询委员会）和4个特殊利益群体（全国农民联合会、澳大利亚自然保护基金会、澳大利亚地方政府协会、澳大利亚工会理事会）的21名代表组成，体现了广泛的代表性[①]。社区咨询委员会主要负责流域委员会和社区之间的双向沟通，确保社区有效参与流域问题的解决，并向部级理事会和流域委员会提供管理咨询，同时向委员会反映社区的观点和意见，保证各方面的信息交流。

（3）通过“土地关爱计划”等一系列具体的政策和措施，激发公民参与流域管理的积极性。为提高联邦公民对流域生态环境保护的意识和调动公民参与的积极性，联邦政府和州政府不仅在机构设置上成立社区咨询委员会以协调政府、流域机构与社区的关系，保障多方之间的充分的信息交流和意见探讨，还与流域管理机构一起开展诸如“土地关爱计划”“墨累—达令流域行动”等具体的政策措施激发公民参与流域管理的积极性。“土地关爱计划”是墨累—达令河流域管理机构1987年开展的土地关爱计划，是公民参与流域管理的典范。该计划以社区为基础，直接面向农民成立土地关爱小组。据统计，全澳有4000个以上的土地关爱小组从事生态修复计划，其资金50%由联邦政府提供，另外50%由农户自筹（多以农户的劳动投入折算）。澳大利亚土地关爱理事会、澳大利亚土地关爱有限公司、全国土地关爱协调人等作为联系政府、公司与社区公众的纽带，也积极参与土地关爱计划。澳大利亚农林渔业部国际农垦局、学校与研究机构和一些慈善机构也积极参与土地关爱计划[②]。

---

① 闫晓春．澳大利亚的流域管理机构［J］．东北水利水电，2004（12）：55－56.

② 于秀波．澳大利亚墨累—达令流域管理的经验［J］．江西科学，2003（3）：151－155.

6.2 经验和启示

当前，我国环境状况总体恶化的趋势尚未得到根本遏制，环境矛盾凸显，环境问题已成为威胁人体健康、公共安全和社会稳定的重要因素之一。如何处理环境污染给我国工业化、城镇化和现代化带来的挑战仍是我国在今后的相当长一段时期内需要面临的重要问题。吸取别国的成功经验或者教训，认真地研究和总结他国流域管理的经验教训能给我们提供不无裨益的启示。

（1）加强流域管理立法，明确和提高流域管理机构的职权和法律地位。流域管理立法是流域管理机构对流域进行管理的法律依据，专门流域立法能够明确流域管理机构的法律地位和职责范围，《田纳西流域管理局法》《墨累—达令流域协议》，以及修订后的澳大利亚《水法》，分别都对田纳西流域管理局和墨累—达令河流域管理局的法律地位和职责范围进行了明确的规定，以法律的形式赋予流域管理机构充分的管理权力，以使其能够对流域进行统一综合管理。

依据我国现行《水法》第12条规定，“国务院水行政主管部门在国家确定的重要江河、湖泊设立的流域管理机构，在所管辖的范围内行使法律、行政法规规定的和国务院水行政主管部门授予的水资源管理和监督职责”，把流域管理机构定位于水利行政部门的下属部门，主要是提供技术服务的事业单位，不具备相应的协调管理权限。为加强流域管理机构的协调管理能力，有必要修改《水法》，把流域管理机构从水行政主管部门中独立出来。另外，要加快制定专门的流域法，以法律的形式确定流域委员会的法律地位、职能范围、组织结构和运行机制等内容①，为解决流域委员会协调相关事宜提供法律依据。

---

① 赵洪伟，梅凤乔．特拉华河流域管理体制研究的启示［J］．人民黄河，2009（6）：55－56.

（2）加强流域管理机构与流域政府，以及社会公众之间的协调、沟通与合作，增强流域管理中的民主性和科学性。跨区域性和流动性是流域的基本特征，因此在流域管理过程中必须注重不同区域和部门间的协调，充分尊重彼此的权益和诉求，加强工作之间的沟通与合作。美国田纳西流域管理局中的“地区资源理事会”包括7个州的州长代表、配电商代表、社区代表和受益方代表；澳大利亚墨累—达令河流域的管理则更加体现了民主协商的精神，不仅部级理事会的成员由沿岸各州的相关部长组成，而且流域委员会的主席也通常由持中立态度的大学教授担任，社区咨询委员会则更是由相关机构和利益群体的代表组成，使各方的诉求都能通过各自的代表进行反映。这充分体现了流域管理中的民主性，而且也使有关流域管理的决策在获得通过后更容易得到各方的执行。

我国采用流域管理和区域管理相结合的水资源管理体制，但是在实际工作中，流域委员会只是作为水利部的下属机构，而没有流域沿岸政府，以及环保、国土等管理机构的代表，使得流域委员会很难协调流域各地区和各部门之间的矛盾。参考田纳西河流域和墨累—达令河流域的管理经验，结合我国的国情，笔者以为我国的各大流域委员会可改水利部领导为国务院直接领导，直接负责各大流域的管理，委员会的成员则由沿岸各省（区市），以及水利、环保、国土和林业等部门的代表组成，以充分听取各方意见和协调各方利益。此外，还可参考墨累—达令河的经验成立咨询委员会①，委员会的成员则由各省（区市）相关部门的代表，以及相关研究机构、非政府组织和利益群体的代表组成，以保证相关决策的科学性和民主性。

（3）完善流域规划编制，制定具体的行动方案，提高公众参与流域环境保护的认知和实践的积极性。流域生态保护是一个系统工程，流域水资源也不仅仅是具有经济价值，它还具有生态价值和文化审美价值。因此，在编制流域规划时要充分尊重水资源的各种属性，统筹协调各属

① 夏军，刘晓洁．海河流域与墨累—达令流域管理比较研究［J］．资源科学，2009（9）：1454－1460.

性之间对水量水质的要求，在保证社会生产生活对水资源经济价值利用的同时，也要保障自然环境和社会公众对水资源生态价值和文化审美价值的权益。美国田纳西河流域管理局在编制流域规划时就不仅考虑了流域水资源的发电、航运等经济价值，也考虑了流域内自然环境的保护。澳大利亚墨累—达令河则通过大量公众可以直接参与的行动，发动学校、非政府组织、社区和农户，以及其他用水户参与流域环境保护行动，不仅增强了流域管理主体之间的协调与配合，而且提高了社会公众对流域环境保护的认知和实践积极性。

在近年中，我国虽然也开展了一些如“保护母亲河行动”等大型群众性公益活动，争取了大量社会公众尤其是青年参与到流域环境保护的实践中来，但是从整体上说，公众参与的规模和密度都还满足不了流域环境保护的要求。也有大量公众虽有参与的意愿，但对参与的途径不熟或参与的成本太高而未能实现真正的参与。因此，政府有必要开放流域开发管理中的一些权限，吸收非政府组织和公众等多种社会公益组织或利益相关者的参与，提高流域管理的效率和民主性。

流域管理涉及的因素是多方面的，它除与各流域本身自然特点有关外，还与整个国家的政治经济体制，以及水资源的管理传统等诸多因素相关。由于欧美自古就有自由主义的传统，从自然法演绎出来的人性自由和限制政府权力一直占据着欧美主流意识形态的地位，因此美澳两国在流域管理体制和制度的设计上也体现了这样一种思想。我国自秦汉以后就一直是崇尚中央集权的国家，虽然其间也闪耀着一些尊重民权和人性解放的思想，但却只是中华灿烂文化中的星星之火，始终没有上升到国家指导思想的地位，长期是计划经济更使公民参与的权利受到限制，体现在流域管理实践上我们也可以很明显的感到政府主导体制下公民参与的缺乏。在未来，如何建立一个更加科学、合理、有效，更加能发挥市场和公民参与优势的、符合中国国情的流域管理体制和制度安排，形成政府、市场和公民社会协同治理的流域管理框架无疑是摆在我们面前的一项重要任务和挑战。

第7章 跨行政区流域水污染治理的制度安排

流域水污染日益严重的事实和区域间水资源争夺战的不断加剧，对传统的流域水资源管理制度和方式提出了新的挑战，但流域悲剧的出现并不是跨行政区流域水污染区域合作治理的充分条件，而只是为合作的出现提供了现实的必要性和迫切性，合作的产生还需要更多的刺激因素。同时，工业革命的开展增强了人类开发和干预自然的能力，人类通过修筑大坝或水库等工程建设的手段，人为地改变了流域的自然流动性和整体性，这一方面增强了人类对抗干旱洪涝灾害的能力，提高了流域资源的利用效率；另一方面也改变了流域原有的生态平衡，带来了一些负面的影响。正是由于流域的这种自然流动性、整体性和可人为改变性，使得人类有可能在某些外部性事务的处理上具有“搭便车”的行为倾向，如将污水排入河流湖泊，将污染从上游转移到下游，导致流域污染在跨行政区域的层面产生。这种跨行政区污染在性质上已经不是纯粹的技术问题，因为其“损人利己”性质而具有了区域伦理的道德性。

因此，从社会科学的角度研究跨行政区流域水污染不同于自然科学关心的是污染的物理、化学、生物特性等物质形态的污染，而是更为关心污染背后的人的行为。规则限制着人们可能采取的机会主义行为（我们称这些规则为制度）。制度保护个人的自由领域，帮助人们避免和缓和冲突，增进劳动和知识分工，并因此促进着繁荣。规范人际交往的规则对经济增长真是至关重要，以致连人类的生存和繁荣（人口数量必定还要继续增长一个时期）也完全要依赖于正确的制度和支撑这些制度的基本人类价值。[①] 从制度经济学的角度，制度是博弈的规则，参与人在一定的制度环境下展开博弈，制度结构决定了博弈结果。在完善博弈规则设计的同时提高制度的执行力，有利于跨行政区流域水污染治理向帕累托更优的均衡发展。本章主要探讨如何通过博弈规则的建立，使参与者形成合理的预期，从而达成合作。

7.1 流域污染治理的责任制度

7.1.1 法律责任制度

"我们是法律的奴隶，所以我们能自由"，古罗马作家塔利尤斯·西塞罗如是说。制度的关键是增进秩序，它抑制着人们可能采取的机会主义行为。制度为一个共同体所共有，但是制度的执行并不总是天然的，它总是依靠某种奖励或惩罚而得以实施。"没有惩罚的制度是无用的，只有运用惩罚才能使个人的行为变得较可预见。带有惩罚的规则创立起一定程度的秩序，将人类的行为导入可合理预期的轨道。"[②]

中国对污染水环境的责任追究分为行政责任、民事责任和刑事责任。就目前来看，中国对污染水环境的违法者的制裁偏轻，尤其是在民事和刑事方面制裁面窄、处罚轻，难以对污染者以威慑力。《中华人民共和国水污染防治法》对环保部门处罚排污企业的标准作了非常详细的规定：除重大事故外，各种情形的处罚金额都不超过10万元；对于违法行为造成重大污染事故的，最高处罚为100万元，而追究刑事责任的，一般只适用于

---

①② 柯武刚，史漫飞．制度经济学——社会秩序与公共政策［M］．北京：商务印书馆，2000.

特定的、重大的环境污染事故，在实际执行过程中很少使用。因此，难以对环境违法行为造成足够的威慑力①。对于民事责任的追究，主要是基于受害者的诉讼，而面对比受害者强大的多的排污者集团，受害者很难通过诉讼来维护个人的环境权益。因此，如前文所分析，在中国流域水污染治理中，由于制度安排上的缺陷，使水污染治理法律形同虚设，“守法成本高，违法成本低”成为环境执法的重大阻碍。

根据国外经验，提高法律执行力是对污染行为进行规制的前提。在美国，违反《联邦水污染控制法》的超标排放行为，违法者要受到行政处罚、民事司法处罚和刑事处罚。行政处罚包括行政罚款和行政守法令，由联邦环保局决定并执行。行政处罚分为两类：第一类按次数计，一般对每次违法行为的罚款不超过 1 万美元，最高罚款上限为 2.5 万美元；第二类按日计，一般每日罚款不超过 1 万美元，最高处罚上限为 12.5 万美元。民事司法执法则通常首先由联邦环保局提出，由司法部向地区法院提起诉讼，申请适当的法律救济，包括临时强制令、永久强制令和赔偿金，最后由法院判决。此外，刑事制裁是更严厉的处罚。刑事制裁对象不仅包括违法排污者，还包括故意伪造、谎报法律规定上报或保存的文件资料，或故意伪造、破坏、篡改监测设施和方法的人。刑事处罚由法院裁定，主要措施有罚金和监禁。在刑事处罚中，过失犯罪将受到每天 2500～25000 美元的罚款或 1 年以下监禁或两者并罚。故意犯罪将受到每天 5000～50000 美元的罚款，或处以 3 年以下监禁或两者并罚。累犯者所受罚金与刑期均增加 1 倍。对故意加害致使他人死亡或受到永久性身体伤害的处以 25000 美元以下的罚金或 15 年以下监禁，或两者并罚。如加害方为组织机构将处以 100 万美元以下的罚金，对累犯者处罚加倍。对材料、数据造假者将处上限 1 万美元以下的罚金或 2 年以下监禁或两者并罚，累犯者双倍处罚②。对严重的违法行为可以处以 25

①② 张建宇，秦虎．差异与借鉴——中美水污染防治比较［J］．环境保护，2007（14）：74－76.

万美元以下的罚金，或15年以下的监禁，或二者并罚[①]。日本对危害环境的行为也追究刑事责任，如公害罪。在生产、经营活动中，所有导致有损于人体健康的行为都要受到惩罚。所以，公害罪不仅仅是指故意犯罪，对过失犯罪也要受到惩罚[②]。关于过失公害罪的规定有："因业务上的疏忽，在工厂或企业的经营活动中排放对人体有害物质的，对公众的生命或健康产生危险的人，处以2年以下监禁，或200万日元以下的罚款；犯有上述罪行而导致伤亡的，处以5年以下监禁，或300万日元以下的罚款。"

7.1.2 行政问责制度

行政问责制是指特定的问责主体针对各级政府及部门负责人在所管辖的部门和工作范围内由于故意或过失，不履行或未正确履行法定职责，以致影响行政秩序和行政效率，贻误行政工作，或损害行政管理相对人的合法权益，给行政机关造成不良影响和后果的行为，进行内部监督和责任追究的制度，本质在于对公共权力进行监督，确保领导干部和公职人员依法办事[③]。2003年8月国内首个政府行政问责办法——《长沙市人民政府行政问责制暂行办法》出台，之后全国多个地方政府相继出台相应办法，行政问责制被认为是落实政府官员权力和责任的有效手段。2004年国务院颁布的《全面推进依法行政实施纲要》明确规定："行政机关违法或者不当行使职权，应当依法承担法律责任，实现权力与责任的统一。依法做到执法有保障、有权必有责、用权受监督、违法受追究、侵权要赔偿。""河长制"是行政问责制在跨行政区流域水污染

---

① 王晓冬．中美水污染防治法比较研究［J］．河北法学，2004（1）：130－132.

② 赵华林，郭启民，黄小赠．日本水环境保护及总量控制技术与政策的启示——日本水污染物总量控制考察报告［J］．环境保护，2007（24）：82－87.

③ 高小平．深入研究行政问责制切实提高政府执行力［J］．中国行政管理，2007（8）：6－8.

治理中的一种新的尝试，体现了“治湖先治水，治水先治河，治河先治污，治污先治人，治人先治官”的对地方党政领导进行行政问责思路，是规避府际博弈的创新之举。

所谓河长制是指由各级党政主要负责人担任“河长”，负责辖区内河流的污染治理，并对其进行行政问责，是从河流水质改善领导督办制、环保问责制所衍生出来的水污染治理制度①。“河长制”由江苏省无锡市首创，实施背景是2007年太湖流域的蓝藻暴发事件及太湖流域的水质持续恶化问题。2007年8月23日，无锡市委、市政府印发了《无锡市河（湖、库、荡、氿）断面水质控制目标及考核办法（试行)》，“将河流断面水质的检测结果纳入各市（县)、区党政主要负责人政绩考核内容”，“各市（县)、区不按期报告或拒报、谎报水质检测结果的，按照有关规定追究责任。”这份文件的出台，被认为是无锡市河长制的正式诞生文本。同年12月5日，无锡市委、市政府印发了市委组织部《关于对市委、市政府重大决策部署执行不力实行“一票否决”的意见》，该意见明文规定“对环境污染治理不力，没有完成节能减排目标任务，贯彻市委、市政府太湖治理一系列重大决策部署行动不迅速、措施不扎实、效果不明显的，对责任人实施一票否决”。自此，无锡市党政主要负责人分别担任了64条河流的“河长”。2008年，江苏省政府决定在太湖流域借鉴和推广河长制，全省15条主要入湖河流全面实行“双河长制”——每条河由省、市两级领导共同担任“河长”，协调解决太湖和河道治理的重任。一些地方还设立了市、县、镇、村的四级“河长”管理体系，强化入湖河流水质达标的责任。

河长制的设立使河流断面水质明显改善。以无锡为例，无锡行政区划的79个考核断面达标率从“河长制”实施之初的53.2%上升至2008年3月的71.1%，实现了“河长上岗，水质变样”的转变。究其原因，

① 刘晓星，陈乐．“河长制”：破解中国水污染治理困局［J］．环境保护，2009（5）：45－50.

在于河长制的实质是把流域污染治理责任具体落实到地方政府首要领导身上，有效调动了地方政府履行环境监管职责的积极性，使环保问责不再停留在口号层面。实行行政问责能提高跨行政区流域水污染治理效率的一个理论解释是，加大地方政府的问责力度能够影响地方政府官员的行为，从而改变博弈均衡。在第4章中的中央政府和地方政府的政策监管博弈中，我们计算了在完全信息静态博弈下中央政府和地方政府的博弈均衡 $\lambda^* = C_L/B + C_L$，$\gamma^* = C_S/B$，即中央政府以 $C_L/B + C_L$ 的概率不检查，地方政府以 C_S/B 的概率不执行。博弈均衡的意义是地方政府不执行的概率与中央政府对地方政府的处罚成反比，处罚越大时地方政府不执行中央政府的政策的概率就越小。因此，在跨行政区流域水污染中实行“河长制”的“一票否决制”能有效地规制政府行为，起到由非合作博弈向合作博弈转变的作用。

7.2　流域产权制度

产权是经济学的一个重要概念，在学者们看来，大多数环境问题首先与环境资源产权的不存在或不安全有关①，产权的意义不仅在于促进资源配置效率的提高，而且在于提供了一套行为规则的框架。不同的产权制度，界定了参与者之间不同的权利、义务和行为、收益边界。

7.2.1　流域产权的功能

阿尔钦认为，“产权是一个社会强制实施的选择一种经济品使用的权利”②。德姆塞茨认为，“产权是自己或他人受益或受损的权利。”E.

---

① 王廷惠．微观规制理论研究——基于对正统理论的批判和将市场作为一个过程的理解［M］．北京：中国社会科学出版社，2005：639.

② 科斯等．财产权利与制度变迁［M］．上海：上海三联书店，1994：166.

G. Furubotn 和 S. Pejovich（1972）认为："产权不是指人与物之间的关系，而是指由物的存在及关于它们的使用所引起的人们之间相互认可的行为关系"①。

尽管对于产权的概念，不同的学者有着不同的界定方式与内涵，但从经济学的角度分析产权，产权有以下含义：第一，产权不是人与物关系，而是由于物的使用而发生的与人与人之间的行为关系；第二，产权是一组权利束（包括所有权、使用权、转让权、收益权等），它不仅包括产权行为主体可以行使的各种权利，而且包括不可行使的权利，是权利与义务的统一体；第三，产权是具有可操作性的制度安排，具有法律上的安全性②。

在对产权概念进行界定的基础上，理查德·波斯纳区分了有效率的产权和无效率的产权概念，波斯纳指出，"衡量一个产权体制是否有效率有三个标准：第一个标准是广泛性，即从理论上讲，所有的资源都有产权主体，除非资源太丰富了以至于每个人想消费多少就消费多少，而不会减少其他人的消费（即非竞争性）；第二个标准是排他性；第三个标准是可转让性，如果不能转让，那么就没有办法通过资源交换使资源从效率较低的地方流动到效率较高的地方"③。有效率的产权在市场经济条件下具有保障契约实施的功能，它用来界定人们在经济活动中如何获益、如何受损，以及如何进行补偿。对于外部性来说，有效率的产权结构就是要使外部性成本由产生者承担，使社会成本和个人成本保持一致，为此明晰产权很有必要。因为在共有产权下，使用者可能过度使用公共物品，也可能在付费上"搭便车"致使公共资源枯竭，针对共有地的悲剧，明确产权可以使共有资源得到可持续的有效率的使用。

---

① E. G. Furubotn, S. Pejovich, Property Rights and Economic Theory: A Survey of Recent Literature [J]. Journal of Economics Lit, 1972 (10): 1137.

② 李丽莉，窦学诚. 流域水资源管理主体间产权结构探讨 [J]. 甘肃农业大学学报，2005 (1): 111-116

③ 转引自洪银兴. 市场秩序与规范 [M]. 上海：上海三联书店，2007，197.

根据《宪法》《水法》和《水污染防治法》的规定，水资源属于国家所有。因此，中国的流域在所有权性质上是国有产权，属于公共资源。从这一点来说，流域产权是明确的，但根据委托—代理理论，国家是一个抽象的实体，是阶级统治的工具或社会契约的产物，国家产权委托中央政府进行管理，而中央政府将权利进行再次委托，流域产权的层层委托形成了按流域管理和行政区管理相结合的管理体制，使流域水资源的产权实际上不明确，所有者缺位，排他性不强。

产权上的不明晰成为流域水污染的重要因素，诚如亚里士多德所言，"所有人对自己东西的关心都大于与其他人共有的东西。"诺斯和托马斯（1977）指出："当存在的资源是公共产权时，几乎无法激励所有者努力提高技术和知识；相形之下，排他性的产权将激励所有者去提高效率和生产力，或者从更根本的意义上说，去获得更多的知识和新技术。"制度是人类行为的规则，产权作为经济领域中的重要制度，它给人类社会的行为带来秩序和可预测性。如果产权不明确，稀缺资源被置于公共领域，人们就会倾向于竞争性的使用它，以增进私人利益，资源就有可能被破坏性的使用[①]。相反，产权制度隐含着解决个人因使用资源而产生的利益纠纷的稳定方式。为此，刘易斯（1986）在《行为规则》中指出，作为不断重现的情况 S 中的行为者人群 P，其行为的规律性 R 在且仅在以下情况下成为行为准则，而且在 P 中这是一种共识，即在任何一种 S 的场合下，P 的成员：（1）每个人都遵守 R；（2）每个人都希望他人遵守 R；（3）每个人在其他人都遵守 R 时也心甘情愿地遵守 R，因为 S 是一个协作问题，对 R 的一致遵守是在 S 中的一个协作性均衡[②]。因此，产权的稳定性来自人类社会逐渐形成的历史惯例，来自侵犯产权所导致的不方便的反复经历，来自人们对产权的广泛尊重。尊重产权符合大家的共同利益，也使我们对他人的未来行为更具信心，流域

---

① ［日］青木昌彦．比较制度分析［M］．周黎安译．上海：上海远东出版社，2006：10.

② 转引自丹尼尔·W. 布罗姆利．经济利益与经济制度——公共政策的理论基础［M］．陈郁，郭宇峰，汪春译．上海：上海三联书店，2007：13－43.

产权的明确和稳定为在事前防范污染和事后治理污染提供了一个权责利明确的机制和制度安排。

7.2.2 流域产权的创新

一般认为，解决外部性问题需要政府进行干预，使个人成本与个人收益、社会成本与社会收益相一致。流域资源的特性表明流域资源的利用存在着外部性，需要政府进行干预。

具体到中国而言，流域产权创新需要打破流域管理的区域和部门界限，破除权力产权。权力产权是随着政府分工和专业化而出现的，由于国家被划分为不同的行政区和部门，形成复杂的条块关系，条块间不同的管理权限又可以通过各种途径给权力拥有者带来收益①，因此逐渐形成权力产权。界定权力产权与界定财产权利一样对当事者有激励和约束的功能②。权力产权的存在，导致不同区域和部门间的管理权存在外部性，使政府规制的目的没有达到。

流域管理中政府权力的外部性表现在：(1) 区域外部性。由于流域的边界与行政区边界不一致，不同区域的政府对本行政区的流域都有管理权，因此制定了各自的流域开发利用规划和管理政策。例如，上游地区的政府为了本地区的经济发展，可能纵容当地过度开垦土地、乱砍滥伐和违法排污的行为；在中上游修筑的水利工程可能能保证当地的灌溉、生活和工业用水，但却可能给下游带来不便，甚至生态灾难。相反，有利于整个流域生态的治理工程则可能由于成本和收益的不一致，使各个地方政府的供给之和小于流域生态的最优供给量。如处于源头区的地方政府对污染治理的积极性可能就不如下游来得那么迫切。(2) 部门外部性。如第3章所述，环保、水利、水产、交通、农业、城建等各

---

① 王秀辉，曲福田．流域管理：权力产权的外部性问题［J］．资源开发与市场，2006（1）：26－28.

② 汤安中．中国县官收入与“一亩三分地”［N］．经济学消息报，2003－06－06.

职能部门都对流域具有相应的管理权限，但没有一个专门的权威机构对流域进行统一管理。这些部门的政策并不协调一致，存在着冲突，因而在流域管理活动中会产生部门之间相互争权、相互推诿、相互扯皮、各行其是的现象。

因此，政府对于企业而言是实行公共管理的机构，但对于不同的区域政府和部门而言，政府则扮演者“经济人”的角色，起着推动和保护本地区企业发展的作用，它要追求自身利益的最大化就要保护本地企业的发展。流域水环境容量的公共性，使各地区倾向于竞争性的使用而忽视其治理问题。从这个意义上说，地方政府和本地企业形成了利益共同体的关系，在污染行为中形成合谋也就不足为怪。

鉴于此，克服跨行政区流域水污染的外部性，只有通过建立排他性的流域产权，使所有的利益相关者都能关心自己的环境权益，实现流域沿岸各个行政区水质的达标排放①。同时，建立水资源所有权与使用权相分离的制度，或者在边际的意义上对产权制度加以改进，通过资源的有限排他权实现污染治理的目的。因为按现有传统，流域属于国家所有，因此不可能实现流域私有化，且私有化也有局限，但可以将流域的使用权承包给个人或组织，或者成立由政府特许经营的公司，只要使用权能够在相当长的一段时间内保持稳定，使用权的主体就有抵抗污染的行为，同时在法律和行政上给予这种行为必要的保护，就能够实现将外部性内部化，实现污染防治的目的。

流域产权创新的另一个途径流域产权单元化。流域产权是社会主体（包括自然人、法人和政府）对某一流域具有的所有、使用、处分，以及收益的各种权利的集合；流域产权单元化就是将流域视为一个相对独立的环境系统，社会主体对这一环境系统具有系列权利束。单元环境可以分为区域单元环境和跨区单元环境，前者指在一个“具有实际行政权

---

① Richard Welford, Peter Hills, Jacqueline Lam. Environmental Reform, Technology Policy and Transboundary Pollution in Hong Kong [J]. Development and Change, 2006, 37 (1): 145－178.

力管辖范围行政区域内的单元环境,”后者是指“跨越两个或两个以上的不同行政区域的单元环境”①。区域单元环境与跨区单元环境是相对的:对于某种级别的行政权力所辖区域而言是跨区单元环境,但对于较高行政权力所辖的较大区域而言则成为区域单元环境。例如,如果将长江、黄河等大江大河作为一个单元环境,相对于其流域内的省级行政权力范围而言是一个跨区单元环境,而相对于中央政府的行政权力范围而言则是一个区域单元环境。

为明确分析目的,本书将流域视为一个单元,而不是将区域视为一个单元,这样做的好处是避免概念上的混乱,也可以避免由于产权分割而导致的权责不清。流域污染的自然地域性和区域管理解决措施的行政地域性人为阻碍了流域产权明晰化的实现,因此从产权角度上,实现流域保护的基本途径就是将流域产权单元化,从现实意义上,实行流域产权单元化就是要明确中央政府对跨区域流域的治理职责,而不是实行流域区域管理。国家应当按照单元环境设立专门从事流域环境保护的机构,并赋予流域管理机构能履行其职能的权力。

7.3 流域生态补偿制度

生态补偿是指以保护自然生态系统服务功能、促进人与自然和谐为目的,运用财政、税费、市场等多种手段,调节生态环境保护利益相关者的利益关系,以公平分配环境保护的责任和义务,并实现生态环境保护外部效益内部化的一系列制度安排和政策措施。国际上所说的“生态环境补偿(ecological compensation)”,与中国生态学意义上的“生态补偿”接近,而与经济学意义上的“生态补偿”接近的概念是“生态环境

① 李瑞娥,黄懿. 环境产权单元化:效率、责任与制度[J]. 中国人口·资源与环境,2007(2):27-31.

服务付费（payment for ecological services）”，即生态服务的享用或使用方要向生态服务提供方支付费用。在研究内容上，中国学者对生态补偿的研究多数集中在森林生态补偿中，而对流域生态补偿研究还很欠缺，以致流域生态补偿在实践中还存在诸如补偿标准的确定缺乏科学依据、补偿资金来源单一、政策法规不健全等问题。

7.3.1　流域生态补偿的标准

实施流域生态补偿，首先要确定上下游的责任关系。目前而言，流域上下游之间存在着“污染者付费”和“受益者补偿”两种争论：上游认为为了给下游提供良好的水质，他们在流域水生态保护方面花费了大量的人财物资源，而且牺牲了不少发展机会，为全流域做出了贡献，下游应该对此给予补偿；下游则强调环境保护中“谁污染谁治理”的原则，认为上游污染了水质就应该进行治理，还下游良好的、达标的水质是理所当然的，是法律规定的上游的责任，不能只强调下游补偿上游①。根据科斯定理，如果赋予上游产权，则如果下游受益，下游应当给予上游补偿；如果赋予下游产权，则如果上游进行排污则应当付费。从理论上说，无论初始产权赋予谁，二者在效率上是一样的。

在确定补偿责任主体后面临的问题是如何补偿和补偿多少。目前，国内外对确定补偿标准的方法主要有支付意愿法、收入损失法和水资源价值法等。

（1）支付意愿法。支付意愿法又称条件价值法，是对补偿责任主体进行调查，了解责任主体为改善流域生态服务愿意支付的经济补偿的数值，它与责任主体的利益性质、利益密切程度、对流域保护的认识水平、对流域环境服务改善的预期程度，以及当地的经济发展水平、个人

---

① 谢维光，陈雄．中国生态补偿研究综述［J］．安徽农业科学，2008，36（14）：6018－6019.

收入水平密切相关。

(2) 收入损失法。收入损失法包括直接治污成本和间接机会成本，是指水源保护区为了保护水资源投入的成本，以及限制污染企业设立而使发展权受到损害，从而丧失发展机会而发生的直接或间接成本。

(3) 水资源价值法。水资源价值法在补偿原则上采用流域水质水量协议模式，即下游在上游达到规定的水质水量目标下给予上游补偿；如果上游没有达到规定的水质水量目标，或者对下游造成水污染，则上游要给予下游补偿。当流域生态服务价值可直接货币化时，则可根据市场价格实施补偿。中国首例水权交易——浙江省东阳市以 2 亿元的价格把横锦水库每年 4999.9 万立方米的永久用水权转让给义乌市，并保证水质达到国家 I 类水质标准，采用的即是水资源价值法。

综合来说，上述方法各有优缺点，支付意愿法主观性太强，且调查的难度大；收入损失法中虽然直接成本容易统计，但间接成本难以估计，操作难度大。因此，在实施中，笔者以为水资源价值法更能体现水是资源，是资源就有价值的观念，且体现了权利和义务的统一。因此，有必要进一步完善区域水权交易市场。

7.3.2 异地开发补偿

异地开发补偿性开发模式是指流域内不同区域之间通过自主协商及横向资源转移，通过改变自然地理意义上的生产区位，实现激励相容基础上的流域产业布局优化，充分利用污染治理的规模经济效应，从而减小单向负外部性，实现流域整体福利改善的一种生态补偿模式。

在异地开发补偿方面，浙江走在了全国的前面。由于经济的快速发展和水资源“瓶颈”的日益突出，浙江流域水污染治理的重要性日益迫切，在流域不同主体之间的生态补偿问题上也出现了明显的制度创新。金华江是钱塘江最大的支流，位于浙江省金华市。异地开发模式发生在上游磐安县和金华市之间（磐安县属金华市管理）。磐安县地处偏远，经济落后，为了解决磐安县在发展经济时的污染问题，金华市政府决定在金华市工业园内建一块属于磐安县的“飞地”——金磐扶贫经济技术开发区，开发区所得税收全部返还给磐安，作为下游地区对上游水源区保护和发展机会损失的补偿[①]。同时要求上游的磐安县拒绝审批污染企业，并把治污不达标的企业关闭以保护上游水源区环境，使上游水质保持在Ⅲ类水以上。

金华市和磐安县通过异地开发补偿，有效地解决了金华江流域生态补偿的矛盾，实现了流域生态保护的目的。浙江异地开发补偿性机制的创新案例表明，各行政区间的自主协商和横向转移政策，可以有效地激励上游地区对水污染进行监督和治理，实现整个流域上下游的激励相容和治污合作，进而实现流域水污染治理和水环境的改善[②]。异地开发生态补偿模式成功的关键在于，这种制度设计较好地激发了上游保护生态环境的动力，避免了横向财政转移支付时补偿标准难以确定的问题和谈判中的机会主义。

从本质上说，异地开发补偿属于环境治理合作协议的范畴，区域环境合作对于环境治理最重要的意义体现在其对跨行政区污染的有效治理上。在第1章中我们证明了事务关联是环境治理合作协议中的有效方式。如果某个地区未能按照协议提供其应该提供的公共物品，那么它就将面临其他地区在相关事务上的惩罚，确保违反协议的地区感到来自其他地区的威胁和惩罚是可信的[③]。如果每一个地区都有这个共同信念，那么区域环境治理中的合作均衡就能建立起来。为此，加强区域环境治理合作应当以流域为基础，加强跨省、跨市的环境治理协商，成立由中央、流域管理委员会和沿岸地方政府组成的流域治理委员会，就流域内

---

① 万本太，邹首民．走向实践的生态补偿——案例分析与探索［M］．北京：中国环境科学出版社，2008：103.

② 曲昭仲，陈伟民，孙泽生．异地补偿性开发：水污染治理的经济分析［J］．生产力研究，2009（11）：84－86.

③ 苗昆，姜妮．金磐开发区：异地开发生态补偿的尝试［J］．环境经济，2008（8）：36－40.

的水资源分配、污染治理、生态补偿和重要工程建设定期进行协商和谈判，在平等的基础上，通过重复动态博弈，增加相互间的激励和约束机制，逐步弱化地方本位主义和部门保护主义，实现个体理性和集体理性的统一。

7.4 政府绩效评估制度

一个有效的制度应该实现官员与地方及居民福利之间的激励相容，作为影响官员晋升的绩效评估制度在此起着重要作用。关于绩效评估的活动古已有之，在《古舜典》之中，就有“三载考绩，三考黜陟幽明”的记载；司马光在《资治通鉴》中说：“治本在得人，得人在慎举，慎举在核真”，核真即为考核真实情况的意思①。政府绩效评估是一个与整个政府职能、目标和战略相联系的科学管理系统，而不是孤立的管理手段，要解决的问题是：与政府职能联系，确定政府要达到的社会和经济发展目标，以及达到目标的方法②，将政府的职能、目标及战略分解到各政府部门和公务员个体，公务员以此确定其价值取向和行为取向，并以此来协助公务员改善绩效水平，落实政府职能和发展战略。

7.4.1 评估主体多元化

政府绩效评估是包括公务员队伍建设在内的干部人事制度改革中的重要一环，其改革设计的科学与否，不仅关系到水污染治理成效的好坏，而且直接关系到整个干部人事制度的推进和落实，关系整个政府组

---

① 转引自王通讯．人才资源论［M］．北京：中国社会科学出版社，2001：168.

② 林光明．曹梅蓉．饶晓谦．提高绩效管理的绩效［J］．人力资源开发与管理，2005(11)：22－25.

织长远和可持续发展战略的实现。因而建立一个科学、有效、符合中国国情的政府绩效评估系统，对于树立政府官员和公务员的正确价值观和政绩观至关重要。政府的公共性质及承担的社会责任决定了政府或公务员的绩效不能仅由其自身来进行评估。公务员绩效的反馈和政府治理的效果都需要来自政府外部的考核主体的参与①。它不仅需要政府自身或上级对下级的评估，也需要公务员的自我评估、同事的评估、社会公众的评估，从多元主体的角度对政府官员和普通公务员进行评价，这样才能建立一个民主的考评机制，增强信息和绩效考核的科学性和有效性。我们应该注意的问题是各评估主体在绩效评估中所占的权重，他们之间并不是平均分配，而应该根据各自在评估客体中的重要性决定。如对于政府环境信息公开，其主要目的是让公众了解环境动态，更好地规避环境风险和保护环境，是公众参与政治、政治民主的体现形式，因而公众的评估应该占据更重要的地位和更大的权重。

强化绩效沟通意识，加强绩效评估过程中的民主性，增强绩效评估的公众参与性。绩效沟通是联系政府、公务员和社会公众的纽带，有效的绩效沟通可以使绩效计划的制定更加符合公众和公务员的需求与意愿，更好的符合水污染治理的需要；可以使绩效指标的建立、内容为大众和公务员所了解，提高指标设立的科学性，评估更加民主、公正；将评估的结果通知公务员，使其了解自己的地位，了解公众和社会及其上级领导对自身的评价，并辅导他们认识自身的不足和优势，提高自身的绩效和对公众、社会的贡献，提高激励效果。

7.4.2 考核指标体系标准化

标准化的考核体系首先要求建立明确的工作分析和岗位说明书。科

① 姜晓萍，马凯利．中国公务员绩效考核的困境及其对策分析［J］．社会科学研究，2005（1）：12－16.

学的工作分析和明确的岗位说明书是绩效指标体系建立的前提和基础，绩效评估指标的设立应根据岗位，尽量选择有效、简单和与工作关联度大的、可操作的流程和工具。工作性质和工作岗位的不同必然要求不同的工作能力和肩负不同的责任，其工作的内容也必然不同，因而评价的指标也不能千篇一律，评估的指标应做到反映工作的内容和性质。例如，对环保部门、水利部门或其他综合管理部门，由于其职责相对不一致，其考核的指标自然有相应变化。对于中央政府和地方政府而言也一样，中央政府和地方政府的职能各有所侧重，考核重点则也应有所区别。目前我们对公务员“德、能、勤、绩、廉”的考核指标显得过于宽泛和抽象，缺乏明确而系统的考核指标，导致考核指标不能反映工作性质和内容，也不能反映具体的工作对“德、能、勤、绩、廉”的具体要求，缺乏科学的权重衡量标准。因此目前中国政府绩效评估的当务之急是建立规范的工作分析和岗位说明书，建立多样化的能反映工作性质、内容和责任的绩效评估指标。卓越在这方面提出的主题、维度和示标的绩效评估模式值得我们借鉴①。同样，在这个问题上也存在着各个评估指标的权重问题。

根据国家和社会的不同发展阶段制定不同的绩效管理战略和流程设计。在不同的时期，政府面临着不同的任务，具有不同的职能，肩负不同的责任。革命战争年代，社会生产力发展水平不高，面临的主要任务是不断发展自身力量，推翻三座大山的压迫，夺取武装革命的最后胜利。因而在那种时代背景下，考核的主要内容是德行和作战能力，在考核方法和流程偏向单一和高度集中的一元化管理。在现时代，网络经济高速发展，信息化、民主化、市场化的意识不断增强。市场和公民一方面要求减少政府对社会经济和生活的干预，而另一方面又要求政府提高宏观管理能力，建立健全规范的法制和各种制度，尤其是制定落实如何能在实现现代化的同时又能实现生态文明的制度。因此，我们的考核应

---

① 卓越．公共部门绩效评估初探［J］．中国行政管理，2004（2）：27－32.

该要能反映不同时代和不同区域的不同要求。结合中国人口、资源与环境之间的压力及《全国主体功能区规划》的实施，应对不同主体功能区和不同部门构建新的与主体功能区和科学发展观相适应的绩效指标体系，切实优化空间结构、提高空间利用效率和增强可持续发展能力。这些新的挑战，对政府公职人员的素质提出了更高的要求，政府绩效评估要反映这些挑战和意识，从战略发展的角度建立适应社会发展和公众需求的绩效评估体系。

7.5　环境公益诉讼制度

2006 年国务院发布的《关于落实科学发展观加强环境保护的决定》指出："鼓励检举和揭发各种环境违法活动，推动环境公益诉讼。"公益诉讼起源于古罗马，是指当环境作为一种公共利益在受到或可能受到损害的情形下，允许公民、企事业单位、社会团体和特定国家机关作为环境公共利益的代表人，对侵权民事主体或行政机关向法院提起诉讼，由法院依法追究侵权主体法律责任的诉讼活动[①]。由于长期以来中国环境权救济机制和公益诉讼立法的缺失，使大量生命健康和环境权益受到侵害的公众无法寻求法律保护，导致司法实践中大量环境公益诉讼案件无法得到有效的处理。因此，建立一种新的更为科学、合理、有效的环境公益制度迫在眉睫。

7.5.1　放宽公益诉讼原告资格

美国是现代公益诉讼制度比较完善的国家之一，在美国法律制度体系中，环境公益诉讼被称为公民诉讼。《清洁空气法》（1970）规定，

① 祖彤．环境公益诉讼法律问题探析［J］．学术交流，2006（5）：45－48.

"任何人都可以自己的名义对包括美国政府、行政机关、公司、企业、各类社会组织及个人按照规定提起公民诉讼。"此后，美国政府陆续制定了《清洁水法》《噪声控制法》等环境保护法律，其中都有公民诉讼的条款，这些实体法与《联邦地区民事诉讼规则》共同构成了美国的环境公益诉讼制度①。

环境公益诉讼制度在美国环保史上起到了非常重要的作用，一些美国环保运动领导人在回顾美国环保历程的时候，认为一个最重要的进展就是为公民提起环境公益诉讼开启了司法大门。现在，环保局有权对任何违反环境法律规定义务者提起民事诉讼和刑事强制执行。同时，在美国，环境公益诉讼的原告范围也扩大到受侵害的生物，如 1978 年 1 月 27 日，美国赛拉俱乐部法律保护基金会和夏威夷杜邦协会代表仅存的几百只帕里拉属鸟提起诉讼并最终胜诉。

其他国家，如澳大利亚的《环境犯罪和惩处法》（1989）规定，"任何人可以向法院提起违反本法的诉讼，请求法院颁布救济令或制止违法令，不管该人的权利是否已经受到或可能受到该违法行为后果的侵害"；《环境保护行动计划法案》（1996）规定，"第三者对违反环境保护法的行为有向法院提起诉讼的权利，以制止违法行为"②。另外，印度、哥伦比亚、哥斯达黎加、菲律宾等国家，法院已受理直接基于宪法规定的环境权所提起的环境诉讼案件。

诸多迹象表明，推动公民诉讼正成为为当代环境法发展的一个重要趋势。在原告范围扩张的同时，被告的范围也变得更加广泛，包括排污的企业、环保部门和其他与环境污染有关的机构，都可以请求他们停止污染和破坏环境的行为、赔偿损失和履行职责等。

为了使环境公益保护获得可诉性，原告资格的扩张是现代法治国家

---

① 马平．环境公益诉讼制度探析［J］．前沿，2009（8）：44－48.

② 李扬勇．论中国 环境公益诉讼制度的构建——兼评《环境影响评价公众参与暂行办法》［J］．河北法学，2007（4）：145－148.

诉讼法的发展趋势①。放宽环境公益诉讼的原告资格，是对现行诉讼制度的补充和完善。环境具有整体性，属于社会成员共同所有，这就决定了环境侵权行为的公害性，这使得每个人都可能成为公共环境权益的维护者，自发地为受到损害的环境公共权益寻求救济。《中华人民共和国环境保护法》第6条的规定“一切单位和个人都有保护环境的义务，并有权对污染和破坏环境单位和个人进行检举和控告”。可见控告权是一切国家机关、社会组织、公民个人的合法权利，具有社会性和公共性，应当允许更广泛的法律主体进行公益诉讼，将原告资格扩大到包括公民、企事业单位、国家机关和社会团体在内的所有社会成员，由其提起公益诉讼，充分发挥每个公民的监督管理作用，切实保护好环境。

相对于公民个人，赋之组织以诉讼资格比个人干预有更多的优势。立法上可以考虑赋予一些公共部门和环保组织专门的起诉权，为环境公共利益而提起诉讼。在公民个人为环境公共利益提起诉讼存在障碍的现实背景下，为使环境权得到最大程度的保护，这不失为一种有效选择。检察机关作为国家法律监督机关，负有监督法律正确实施的职责，在国家利益和社会公共利益受到损害以后，检察机关应当有权代表国家和社会向法院提起公益诉讼。环保部门作为实施环境保护工作的监督管理部门，有责任也有义务对侵害国家利益、公共利益的环境污染和生态破坏行为提起公益诉讼，以保护国家利益和社会公共利益。

7.5.2　降低公益诉讼费用

公民提起环境公益诉讼是为了维护社会公共利益，如果让原告承担所有诉讼费用有违社会公平原则。为此，建立相应的保障和激励机制，促使公民个人、公共组织和社会团体提起诉讼，有利于公平原则的实

---

① 郝艳梅，刘建飞．论环境保护的公民参与原则［J］．内蒙古财经学院学报（综合版），2004（3）：70－72.

现，也是欧美国家环境公益诉讼制度发展的普遍经验。

就中国而言，虽然国务院在2006年颁布了《人民法院诉讼收费办法》，诉讼收费比以前有所减少，但是相对于其他国家，诉讼收费在个人收入中所占比重仍然偏高。为此，可以针对环境公益诉讼的特点，借鉴美国《清洁空气法》《清洁水法》《固体废物处理法》的相关规定（如法院可将包括律师费和专家作证费在内的诉讼费用判给诉讼的任何一方），修改相关法律法规，把环境公益诉讼列入不预交案件受理费的范围，保证公民不致因诉讼费用而放弃对环境公共权益的保护。借鉴这一原则，中国可作如下规定：如果胜诉，则所有的诉讼费用由被告承担；如果败诉，则检察院提起的诉讼由国库支付①，社会团体和公民个人提起的诉讼则通过公益诉讼基金的形式转嫁诉讼费用。此外，可以设立相应的激励机制，对胜诉的原告给予一定奖励，用以弥补诉讼带来的相应支出。

环境公益诉讼费用的高低对公民参与具有重要的影响，以模型加以证明。假设存在一个企业正在往河流里排放污水，居民决定是否对其提起诉讼。模型假设如下：（1）企业的利润为 π ，治污成本为 c_1 ；（2）居民环境权益损失为 k ，诉讼胜诉后得到数额为 d 的补偿；（3）居民类型分为高成本类型和低成本类型，当处于高成本时，诉讼费用为 s_1 ，当处于低成本时，诉讼费用为 s_2 ，且 $s_1 > s_2$ ；（4）政府对排污企业的处罚为 c_2 。

当居民所得赔偿小于诉讼成本，即 $d < s_2 < s_1$ 时，如果 $d - s_1 - k < -k$ 且 $d - s_2 - k < -k$ ，则无论诉讼成本是高还是低，居民都将选择不诉讼；企业则由于 $\pi > \pi - c$ 而选择排放。此时，博弈的均衡是（排放，不诉讼），企业和居民的支付为 $(\pi, -d)$ 。

当居民所得赔偿大于诉讼成本，即 $d > s_1 > s_2$ 时，如果 $d - s_1 - k$

① 陈雄根. 公民环境权与接近正义——以环境公益诉讼为视角［J］. 求索，2007（9）：69－71.

$>-k$ 且 $d-s_2-k>-k$，则无论诉讼成本是高还是低，居民都将选择诉讼。企业的支付则面临着 $\pi-c_1$ 与 $\pi-c_2-d$ 的比较，如果 $\pi-c_1>\pi-c_2-d$，即治污成本小于政府处罚与给予居民赔偿之和时，企业选择排污，博弈的均衡为（排放，诉讼），博弈的支付为 (π,k)；如果 $\pi-c_1<\pi-c_2-d$，即治污成本大于政府处罚与给予居民赔偿之和时，企业选择治污，博弈的均衡为（治污，不诉讼），博弈的支付为 $(\pi,0)$。

以上分析的是完全信息博弈，当处于信息不完全时，即居民无法了解诉讼是高成本还是低成本，且补偿费用不足以弥补诉讼费用时，假设高诉讼成本的概率为 p，低诉讼成本的概率为 $1-p$，居民的期望效用为 u_i。

则，居民选择诉讼的期望效用：

$$\begin{aligned} u_i &= (d-s_1-k)p+(d-s_2-k)(1-p) \\ &= d-(s_1+s_2)p-s_2-k \end{aligned} \tag{6.1}$$

居民选择不诉讼的期望效用：

$$u_i = (-k)p+(-k)(1-p) = -k \tag{6.2}$$

当且仅当 $d-(s_1+s_2)p-s_2-k>-k$ 时，即仅当居民诉讼高成本的概率 $p<\dfrac{d-s_2}{s_1+s_2}$ 时，理性的居民会选择诉讼。

可喜的是，中国最近几年也开始了环境公益诉讼探索①，如2003年5月9日，乐陵市人民法院根据原告乐陵市人民检察院对被告范某非法加工销售石油制品，损害国有资源、造成环境污染提起诉讼，法院最后依据《民法通则》第5条、第73条、第134条规定作出判决，责令被告范某将其所经营的金鑫化工厂于判决生效后5日内自行拆除，并消除可能存在的风险。2003年11月，四川省首例环境公益诉讼案在阆中得到有利于原告的判决；2005年北京市环保局将9家屡次违法排污的企业告上法院，法院最后判决这9家企业停止污染行为并缴纳罚金。

---

① 黄祺. NGO公益诉讼第一案［J］. 新民周刊，2009（8）：8-13.

7.6 社会协同治理制度

20世纪70年代以来，西方各国的公共行政一直处在改革之中。在70年代，因不满于能源危机下的财政紧张、官僚制结构僵化和公共服务供给效率低下的弊端，西方国家开始了一场旨在以分权化、市场化、多元化和民营化为主要内容的新公共管理运动。这一运动一定程度上缓解了当时西方国家所面临的财政危机和信任危机，也为当代公共部门管理带来了崭新的理念和创新实践。然而，新公共管理运动在推进世界各国政府治理模式变革的同时，也暴露出公共管理运行中的部门化、分散化及碎片化弊端，迫使西方国家重新探索国家和社会公共事务的管理模式，并在1989年由世界银行首次提出“治理危机”一词。自此，“治理”的概念在学术界很快就流行开来，并成为政治学、行政学、管理学领域探讨的热点，以致治理成为国际多边、双边机构和学术团体，以及民间志愿组织关于发展问题的常用词汇。

治理理论的主要创始人詹姆斯·罗西瑙认为，治理与统治有重大区别，治理是一种由共同目标支持的活动，这些管理活动的主体可以是政府，也可以是非正式的、非政府的机制，也无须依靠国家的强制力量，虽未得到正式授权却能有效发挥作用。罗伯特·罗茨列举了六种关于治理的不同定义[①]：（1）作为最小的国家管理活动的治理，是指国家削减公共开支，以最小的成本取得最大的效益；（2）作为公司管理的治理，是指指导、控制和监督企业运行的组织体制；（3）作为新公共管理的治理，是指将市场的激励机制和私人部门的管理手段列入政府的公共服务；（4）作为善治的治理，是指强调效率、法治、责任的公共服务体系；（5）作为社会控制体系的治理，是指政府与民间、公共部门与私人

① 俞可平．治理与善治［M］．北京：社会科学文献出版社，2000：86－96.

部门之间的合作互动；（6）作为自组织网络的治理，是指建立在信任与互利基础上的社会协调网络。

国内学者俞可平教授认为，治理是一种公共管理活动和公共管理过程，它包括必要的公共权威、管理规则、治理机制和治理方式，其基本含义是指官方的或民间的公共管理组织在一个既定的范围内运用公共权威维持秩序，满足公众的需要。治理的目的是在各种不同的制度关系中运用权力去引导、控制和规范公民的各种活动，以最大限度地增进公共利益。全球治理委员会则认为，治理是各种公共的或私人的个人和机构管理其共同事务的诸多方式的总和。它是使相互冲突的或不同的利益得以调和并且采取联合行动的持续过程。这既包括有权迫使人们服从的正式制度和规则，也包括各种人们同意或以为符合其利益的非正式的制度安排。它有四个特征：治理不是一整套规则，也不是一种活动，而是一个过程；治理过程的基础不是控制，而是协调；治理的主体既涉及公共部门，也包括私人部门；治理不是一种正式的制度，而是持续的互动①。

国内对协同治理的研究与党的十六届四中全会提出的“建立健全党委领导、政府负责、社会协同、公民参与的社会管理新格局”密切相关，社会管理创新在实践方面的需求和发展，推动了学界对跨部门协同的研究，也使得协同治理、合作治理成为学术研究的热门词汇。相较而言，西方对协同治理的研究早于国内。20 世纪 80 年代，为了应对各种社会问题和政府财政紧缺带来的挑战，西方理论界和实务界开始强调政府、企业、非政府组织之间及其内部的协同合作，并产生了很多与协同治理相似的概念，如协作性公共管理、合作治理、协同政府、网络治理、整体性治理等，但真正率先在公共管理领域使用 Collaborative Governance 这一协同治理概念的，当推哈佛大学的 Donahue 教授。尽管如此，不同的学者对协同的理解还是存在很大的差异，总体而言，可分为

---

① 转引自胡祥．近年来治理理论研究综述［J］．毛泽东邓小平理论研究，2005（3）：25 - 30.

如下几类[①]：(1) 协同是指所有形式的组织或行动者一起共事以达成各种目标；(2) 认为协同是一种主动行动者之间的互动过程；(3) 强调行动者之间的相互信任与分享；(4) 在上述基础上增加责任与分担。结合协同与治理的概念，西方学者对协同治理的理解强调以下几个方面：(1) 协同治理主体的多元化，治理的主体并不囿于政府，公民社会中的各组织均可参与公共事务的治理；(2) 治理权威的多样性，各治理主体亦可在治理公共事务的过程中发挥其权威性；(3) 强调各主体之间的平等合作，在治理过程中，政府与公民社会各团体间是平等对话与相互合作的伙伴关系；(4) 为达到共同目标，各行动者共同努力，最大限度地维护和增进公共利益。

综上所述，协同治理关注的是合作如何产生，作为一种理念，它是指在合作主义的引导下，探究文化系统、组织系统、权力系统和制度结构相互建构而推动合作行为发生的逻辑；作为一种实践策略，是指在公共事务领域中，致力于实现公共部门之间、公私部门之间，以及私部门之间的合作化行为[②]。它不是治理系统各子要素的简单相加，而是如恩格斯在《反杜林论》中所指出的那样："许多人协作，许多力量融合为一个总的力量，用马克思的话来说就造成'新的力量'，这种力量和它的一个个力量的总和有本质的差别。"因此，在现实的政治生态环境中，各方力量只有通过协同合作才能产生"共振效应"[③]，发挥"整体大于部分之和"的治理功效。在流域水污染治理中引入社会协同治理的基础是因为从博弈论的角度讲，社会协同治理的基本功能是能向外界传递某种信号，减少博弈中的信息不对称，能够在一定范围内减少参与人"一次性买卖"的行为，有效克服囚徒困境问题的产生。在本节中，笔者着重研究 NGO 作为社会协同治

① 田培杰．协同治理概念考辨［J］．上海大学学报（上海科学版），2014（1）：124－140．

② 杨华峰．论环境协同治理——社会治理演进史视角中的环境问题及其应对［D］．南京农业大学博士论文，2011．

③ 杨志军．多中心协同治理模式研究：基于三项内容的考察［J］．中共南京市委党校学报，2010（3）：42－49．

理的重要力量对跨行政区流域水污染治理的意义。

7.6.1 增进共容利益

寻求社会协同治理的重要基础是增进共容利益（encompassing interest）。奥尔森以统治者的利益为出发点，强调了一种自上而下的国家权力。在他看来，国家、政府或统治者努力保障个人权利并避免过度掠夺，均源于“共容利益”。某位理性的追求自身利益的个人或某个拥有相当凝聚力和纪律的组织，若能获得特定社会所有产出增长额中相当大的部分，同时会因该社会产出的减少而受到极大的损失，则他们在社会中便拥有了共容利益①。为了实现其自身利益，他们在力求获得社会产出更大份额的同时，还会努力扩大该社会的总产出。据此，只要存在共容利益，统治者便会尽可能的保护个人权利，并保证其自身利益的最大化。他们的主要命题是：经济增长决定于统治者，或者政治精英的选择或决策；而政治精英的目标函数中的关键变量在于维持自身的统治地位。技术进步和制度创新通常会带来社会的不稳定，从而侵蚀或危害统治者的统治地位，增加他们被取代的可能性，故他们总会冷淡或阻止技术进步和制度创新。政府与NGO之间的互动关系表现在：政府天然具有追求自身强大的倾向；而新兴的NGO也同样需要一个强有力的政府来保护他们的利益不受侵害，社会的稳定与否也直接危害着NGO的发展。因此，在追求社会稳定这一强大的目标上，政府和NGO的利益交融在一起了，产生了共容利益。

共容利益的增进有赖于社会组织的发展，组织提供了一个人们发生相互关系的结构。如果制度是游戏规则，组织则是游戏者和规则的制定者。组织和制度的相互关系可以表述为：制度是一套行为规则，不能独立存在，组织是制度的时间载体和化身；组织也需要制度来支撑和维系，没有制度则组织无法运行，组织的创立既受制于既定制度，又体现既定制度。

---

① ［美］曼瑟·奥尔森．权力与繁荣［M］．上海：上海世纪出版集团，2005：4.

除了正式制度外，非正式制度也广泛存在。传统的现代化理论习惯于把非正式制度传递渠道局限于家庭关系，而把正式制度传递渠道局限于国家，而诺斯以为，非正式制度的延续主要依靠社会的学习和传递。在不同的社会里，非正式制度的学习和传递渠道是不完全相同的，但一般来说，家庭、社团和国家是三个主要的渠道。托克维尔发现，“在美国无论年龄大小、地位高低、志趣如何，人们时时刻刻都在组织社团。只要有什么新的事业，在法国就是由政府出面，在英国就是权贵带头，而在美国，你会看到人们一定是在组织某个社团”。同样，青木昌彦指出，近年来的一些成果表明，像“集体合作”“互相回报”“共同分享”这类“前市场经济”的乡村社会规范，在一定条件下，能够发挥积极的作用。因此，“彻底摧毁传统乡村社会，对市场发展既不充分也不必要。”在缺乏有效的污染治理正式制度供给的情况下，民间的社会网络及其合作方式，成为低成本传递各种社会资源的主渠道，也是制度构建的本土化资源。

民间的这种社会资本是政府政策成功施行的重要基础，从表面上看似乎与法律和政策并无多大关联，但它是权威存在和施展的基础，同时也构成了政府环境政策执行的民间资源。这种资源我们称为权力文化网络。权力文化网络是美国学者杜赞奇研究华北农村时提出的概念，它由社会中多种组织体系及塑造权力运作的各种规范构成，包括在宗族、市场等方面形成的等级组织或巢状组织。这些组织既有以地域为基础的强制义务团体（如庙会），又有自愿组成的联合体（如用水协会和行会）。文化网络还包括非正式的人际关系网，如血缘关系、师徒关系、传教者与信徒的关系等。从表面上看，这些民间存在的 NGO 似乎与法律和政策并无多大关联，但它是权威存在和施展的基础——任何追求公共目标的个人和集团都必须在各种各样的权力文化网络中活动，文化网络构成了乡村社会及其政治的参照坐标和活动范围①，同时也构成了政府环境

---

① 杜赞奇. 文化、权力与国家：1900－1942 年的华北农村 [M]. 南京：江苏人民出版社，2006：10－17.

政策执行的民间资源，并使之成为联络政府、企业、公民的桥梁和纽带，传承着政府政策和公民诉求。

然而对国家政权来说，使文化网络中的各种规范为自己服务并不是一件容易的事，它经常不得不将自己的霸权凌驾于大众的信仰之上。造成这种现象的原因在于，文化网络中并不是所有的组织和象征符号都在护佑正统秩序，其中许多信仰在政府看来是非法的，但仍为社会公众所接受。这就使我们容易知道为什么社会中存在着不一定合法的非正式领袖。非正式的组织、网络和国家行政机构、法律政策共同塑造着乡村的政治、经济和文化生活①，它们和国家政权一起维护社会秩序，而秩序的混乱很大程度上是交易者的道德风险所致，文化建设的实质是要使交易者在共同的道德观下形成共同的预期，因而能自我约束自己的交易行为。中国大量流域污染防治法律法规的缺乏效率主要在于其与本土文化难以融合，如果政府正式的规章制度能够借助 NGO 在民间形成的权力文化网络进行传递和施行，则能大大提高正式制度的效率。

7.6.2　加强政府与 NGO 的合作

转变政府职能，加强政府与 NGO 的合作既是促进社会协同治理的组织基础，也是社会分工的必要要求。亚当·斯密在论述分工时说道，劳动生产力上最大的增进，以及运用劳动时所表现的更大的熟练、技巧和判断力，似乎都是分工的结果。人类劳动的分工极大地促进了劳动生产力的提高和人类物质财富的丰裕程度，然而分工的细化也在很大程度上造成了人类交往上的技术限制，提高了市场交换的交易成本，这也使得人类在一些事务的处理上有相互合作的必要。基于有限政府和服务型政府建设的要求，社会管理和公共服务成为政府的两大职能。高新军通

① 杜赞奇．文化、权力与国家：1900－1942 年的华北农村［M］．南京：江苏人民出版社，2006：10－17.

过对美国马里兰州豪伍德县哥伦比亚镇 NGO 管理模式的调查发现[①]，民间性质的哥伦比亚协会和豪伍德县政府之间通过合同划分彼此的职责。县政府负责哥伦比亚镇的公共安全、消防、基础教育、垃圾处理、邮政、路灯、供水和排水、电力等公共服务项目和设施的建设维护。其余的公共服务，如休闲娱乐健身、自然环境保护、停车服务、人行道建设与维护和各种庆祝活动等则由哥伦比亚协会来承担。实践证明，从 1967 年 6 月 21 日开始有第一批居民迁入哥伦比亚镇居住至今，整个镇区发展顺利，管理也井井有条，由非政府性质的 NGO 来管理一个 10 万人口的社区并不是天方夜谭。只要外部和内部的条件具备，NGO 完全可以承担这样的责任。

另一个案例发生在哥伦比亚。面对日益严重的水资源短缺，哥伦比亚农民成立了 Guabas 水资源利用协会，面积覆盖 100 万公顷，涉及 97000 个家庭。水资源利用协会的成立满足了哥伦比亚社区对流域保护的需求，而资金完全来自于其成员的资源捐款，流域保护通过种植植物以实现突发土壤的稳定性，以及禁止在生态脆弱地带放牧。目前 Guabas 水资源利用协会已成为一个合法注册、有董事会的集团，负责收取费用、管理基金和为上游土地主分配报酬。Guabas 水资源利用协会的行动也得到了很多其他团体的支持，其理念也被推广到除 Guabas 流域外的 Morales River、Tulua 等流域，取得良好的效果。

这两个案例说明：NGO 是社会公益事业发展的重要力量，政府与 NGO 之间的相互信任和合作有益于公共问题的解决。从政府来看，是降低了行政成本，提高了工作效率，加强了与民间的联系，增强了为市民提供公共服务的能力，也赢得了民众更多的信任和认可；从 NGO 的角度看，是找到了自己在市场经济中的位置，发挥了自己的优势，也得到了政治、法律和资金上的保障，并在与政府的合作中帮助政府实现了民

---

① 高新军．美国地方政府治理——案例调查与制度研究［M］．西安：西北大学出版社，2007：130－135.

主治理，实现了自身的公益使命。

为了解NGO在社会公共治理中的作用，笔者利用国家社会科学基金“社会和谐治理与非政府组织发展研究”课题资助的机会，于2008年5月组织了一次关于NGO的认知和评价的问卷调查。调查对象是一个特殊的社会公众群体——政府机关的工作人员。通过对这样一个群体关于NGO的认知和评价的调查，我们可以看到他们对NGO的了解与评价、对NGO与政府关系的看法，可以使我们加深对NGO在我国发展面临的社会环境的理解，具有其特殊意义。当然，因本次调查的对象为一个特定的群体，不能把本次调查的结论外推至其他社会公众或群体。

本次调查采取了问卷调查的方式来收集资料，发送与回收问卷共200份，回收的有效问卷为193份。问卷的主要内容包括：被调查的个人基本信息、被调查者对NGO的了解情况、对NGO内部治理问题的看法、对NGO与政府关系的看法、对NGO与和谐社会建设的看法等。问卷回收后，研究人员经检查核实进行编码，然后输入计算机，利用SPSS软件进行了统计分析。分析类型主要为单变量的描述统计和双变量的交互分类统计。

针对目前政府的职能转变，159人（占82.4%）认为NGO能够作为政府职能转移的承接者（即政府把一部分职能转交给NGO行使）。另外有178人（占92.2%）认为在某些领域如教育、扶贫、环保等方面，政府出资购买某些NGO的服务，由NGO向公众提供服务是可行的，见表7.1。

表7.1　　　　NGO能否作为政府职能转移的承接者

	Frequency	Percent	Valid Percent	Cumulative Percent
能	159	82.4	82.4	82.4
不能	34	17.6	17.6	100
Total	193	100.0	100.0	

对于“一些情况下，NGO能够比政府提供品质更高、费用更低的服

务”，62 人（占 79.5%）表示同意，10 人（占 12.8%）表示不同意，6 人（占 7.7%）表示不清楚，见表 7.2。

表 7.2　　NGO 能否提供比政府品质更高、费用更低的服务

	Frequency	Percent	Valid Percent	Cumulative Percent
同意	154	79.8	79.8	79.8
不同意	24	12.4	12.4	92.3
不清楚	15	7.8	7.8	100.0
Total	193	100.0	100.0	

从表 7.1 和表 7.2 可以看出，大多数政府公职人员都肯定了 NGO 的作用。在类似于流域这类公共池塘资源的保护上，国际上也越来越依赖于 NGO 的力量。不过在政府与 NGO 的合作中，除了转移部分职能，还可以有多种形式，如在菲律宾 NGO 与政府的合作有多种形式，一是可以以个人名义作项目顾问，或承担某些项目细节，或提供服务；二是帮助论证项目；三是参与到政府部门中去工作；四是在项目进行中进行监督评议①。对于中国来说，在 NGO 的发展问题上，政府起到一个决定性的作用，政府的态度对于 NGO 的发展至关重要，而 NGO 的发展反过来又将有利于促进政府职能转移和社会公共事务的处理。

同时，加强政府和 NGO 的合作有必要完善社会资本。社会资本是指社会组织的特征，诸如信任、规范和网络，它们能够通过合作行为来提高社会的效率。在跨行政区流域水污染中，集体行动的困境在于即使双方都有条件地倾向于合作——你做，我就做，但在承诺无法核实和强制执行的情况下，他们也无法保证对方不违约，普遍的利他主义是社会行动和社会理论的唐吉诃德式的前提。但是，在一个继承了大量社会资本的共同体内，自愿的、不先背叛的合作更容易出现。信任是社会资本必不可少的组成部分，意味着对独立行动者之行为有预测。在一个共同

① 高新军．美国地方政府治理——案例调查与制度研究［M］．西安：西北大学出版社，2007：130－135.

体中，信任水平越高，合作的可能性就越大，而且合作本身会带来信任。

7.7　本章小结

如前文所述，全体公民—中央政府—地方政府之间是层层委托的关系。在委托—代理关系中，要使代理人真实履行委托人意志需要满足激励相容约束和参与约束。这意味着：其一，委托人设计的激励机制或制度安排必须能有效地甄别代理人的类型，使得代理人有积极性揭示自身的真实类型，而不是欺上瞒下，这就意味着委托人需要给予代理人一定的激励补偿，使得代理人选择委托人所希望的行动时得到的收益不小于他选择其他行动所得到的收益；其二，委托人设计的激励机制或制度安排必须使得代理人有兴趣参与博弈，使得代理人在该机制下得到的收益不小于他不接受这个机制时得到的收益。

在这个思想的指导下，本章从制度是博弈的规则，要改变博弈结果首先要改变博弈规则的立意上讨论了制度对跨行政区府际博弈均衡的意义，然后借鉴国内外跨行政区流域水污染治理的一些成功经验或普遍惯例，从责任制度、产权制度、生态补偿制度、政府环境绩效评估制度、环境公益诉讼制度和社会协同治理制度等六个方面提出了完善跨行政区流域水污染治理制度的参考性建议，希望能对行政区经济运行下的地方政府行为、府际博弈的空间和策略起到规制作用。值得指出和重视的是，随着治理理论的兴起，国内外越来越强调运用多中心的手段和自组织的方式对公共性事务进行治理，相信随着国内对公共事务认识的深入，多中心的、自组织的方式将在跨行政区流域水污染的治理上扮演更重要的角色。

结　论

1. 研究结论

本书从流域水污染治理理论上的不足和现实中大量流域水污染规制法律法规无效性的角度出发，研究了府际博弈视角下跨行政区流域水污染问题的成因及解决思路。本书研究的主要结论是：

（1）根据《环境保护法》《水法》和《水污染防治法》等相关法律的规定，我国实行的是区域管理与流域管理相结合、以区域管理为主的流域管理体制，要求地方政府对本地水环境负责，这种管理体制使各地区很容易利用流域的自然整体性和水的自然流动性而转移污染，使跨行政区流域水污染事件发生。本书通过对国内外文献的梳理和对流域水污染治理困境的观察，发现导致流域水污染持续恶化和治理无效性的原因，不仅在于传统理论上所认为的产业结构不合理、企业的自私排污行为、环境监管体制不合理等因素，更在于在现有制度环境下的府际博弈的非理性均衡。

（2）通过对跨行政区流域水污染府际博弈的机理分析发现，现有流域管理制度、博弈参与人的信息结构和利益冲突与流域性质的不适应性是导致府际博弈产生的主要原因。改革开放后，尤其是 1994 年进行的分税制改革使地方政府越来越成为独立的利益主体。以经济建设为中心的发展模式和以 GDP 为导向的绩效评估机制，则使地方政府嵌入到了以经济竞争为核心的政治晋升博弈中，这使得参与博弈的政府官员很关注自己与竞争者在晋升中的排名位次，为达到政治上晋升的目的，竞争者可能采取多种手段，其中就包括转嫁污染和上马不符合国家产业政策的项目，导致各地产业结构同质化的现象严重，结构调整和治污压力巨大。因此，产业结构不合理只是导致跨行政区流域水污染的表面原因，其深层次原因是政府间的恶性竞争博弈。

（3）跨行政区流域水污染的府际博弈中各参与人的行动、支付、战略和均衡表明，跨行政区污染的存在使流域各地方政府在污染规制行为上表现出很大的差异，流域公共产品的自愿供给博弈的纳什均衡小于帕累托最优的供给量，在流域上游的地方政府具有搭便车的机会主义行为，而当下游政府采取“以牙还牙”的承诺行动时，博弈的均衡会随之改变。在中央政府和地方政府的政策博弈中，地方政府执行中央流域治理政策的概率与中央政府的监管成本成反比，而与中央政府的处罚成正比。中央政府和地方政府的信号博弈模型表明，不同类型的地方政府倾向于发出同样的信号，以期获得中央政府相同的奖励。

（4）跨行政区流域水污染府际博弈的实证分析表明，流域整体水质优于Ⅲ类的比例要高于省界水体水质优于Ⅲ类的比例，说明地方政府更倾向于利用水的自然流动性转移本地区的污染，调查结果也表明地方政府对环境执法有重要影响。面对地方政府在污染中的保护主义，中央政府将运用各种政策进行宏观调控，中央政府的流域限批政策成功打击了地方政府的保护主义。跨行政区流域水污染事故的处理博弈证明，中央政府的介入和下游地方政府的承诺行动有利于使污染治理朝着合作博弈的方向发展。在中央和地方政府的流域水污染治理财政投资博弈中可以看出，中央政府和地方政府在环境管理的动力机制上是存在差异的，中央政府和地方政府在流域水污染治理上财权和事权的不明晰进一步导致了流域水污染治理投资上的不足。湖南省湘江流域的个案分析同样证明了在跨行政区流域水污染中的府际博弈的存在，中央政府和湖南省政府的重视，使湘江流域沿岸地方政府签订了治理目标责任书和环境协议，治理进入到合作化的轨道。

（5）改变博弈规则有利于使流域水污染治理摆脱目前的困境。流域污染治理的责任制度、流域产权制度、流域生态补偿制度、政府绩效评估制度、环境公益诉讼制度，以及社会协同治理制度的建立对于约束和激励博弈参与人的行为具有重要意义。最后，建议完善这些制度的设计和执行，促进流域水环境的改善。

2. 研究局限及进一步研究方向

（1）跨行政区流域水污染的治理是一个社会经济系统、生态环境系统，以及社会文化系统各因素间相互影响的复杂系统，学科领域涉及面广。因此，流域水污染治理不是一个学科能够解决的问题，有必要和研究或从事水利工程、环境工程、生物化学、经济学、社会学、公共管理的人员一起探讨，以促进流域水环境的改善。鉴于学科背景和精力，笔者难以综合运用各个学科的理论对其中的问题进行研究，而只能从管理学的角度研究博弈主体的行为和特性，以及他们的最优决策。

（2）由于有些资料难以找到，实际部门也不愿提供，因此在跨行政区流域水污染府际博弈的实证分析中，本书预期的理想目标难以达到。因此，有待于今后筹集更多的时间、经历和社会资本完成这一任务。

水资源的数量和质量直接影响中国的可持续发展，流域水污染对水资源的质量是一个极大的破坏，而对其的治理又极其错综复杂。中国能否避免先污染后治理的发展模式，与政府官员的积极性具有莫大的关系，如能设计出两个良好的能够满足博弈参与人激励相容和参与约束的机制，则很多问题就能够迎刃而解，但这是一项难度极大的工作。故而路虽漫漫，然必将求索，必须根绝一切犹豫。

参考文献

[1] 王浩．中国可持续发展总纲——中国水资源与可持续发展[M]．北京：科学出版社，2007.1.

[2] 汪恕诚．中国水资源安全问题及对策[N]．经济日报，2009－08－03.

[3] 齐晔．中国环境监管体制研究[M]．上海：上海三联书店，2008.53.

[4] 中国环境监测总站．全国地表水水质月报（2009年1月）[EB/OL]．http：//www.cnemc.cn，2009－03－09.

[5] 胡鞍钢，王亚华．从生态赤字到生态建设：全球化条件下中国的资源和环境政策[J]．中国软科学，2000（1）：6－13.

[6] 李晓伟．风险投资治理的博弈分析[D]．大连理工大学，2004.

[7] 张岂之．关于环境哲学的几点思考[J]．西北大学学报（哲学社会科学版），2007（5）：5－9.

[8] 中共中央马克思、恩格斯、列宁、斯大林著作编译局编．马克思恩格斯选集（第一卷）[M]．北京：人民出版社，1995：105.

[9] 池田大作．《池田大作全集》[C]．北京：北京大学出版社，1988：83.

[10] 黄仁宇．万历十五年[M]．上海：生活·读书·新知三联书店，1997：53.

[11] 杨新春．跨界水污染治理中的地方政府合作机制研究——以太湖治理为例[D]．苏州大学，2008.

[12] 陆海曙. 基于博弈论的流域水资源利用冲突及初始水权分配研究 [D]. 河海大学, 2007.

[13] 曾文慧. 越界水污染规制——对中国跨行政区流域污染的考察 [M]. 上海: 复旦大学出版社, 2007: 68-69.

[14] 张昕. 关于我国重点流域水污染防治问题的思考 [J]. 环境保护, 2001 (1): 35-38.

[15] 任远. 太湖流域水污染实质与集成化流域管理 [J]. 中国人口·资源与环境, 2002 (4): 73-76.

[16] 冯东方. 流域水污染防治若干重大环境经济政策分析 [J]. 环境保护, 2008 (19): 18-21.

[17] 环境保护部污染防治司. 重点流域水污染防治工作进展及展望 [J]. 环境保护, 2008 (19): 12-14.

[18] 钱易. 中国水污染控制对策之我见 [J]. 环境保护, 2007 (14): 20-23.

[19] 高红贵. 淮河流域水污染管制的制度分析 [J]. 中南财经政法大学学报, 2006 (4): 45-50.

[20] 陈阿江. 水污染事件中的利益相关者分析 [J]. 浙江学刊, 2008 (4): 169-175.

[21] 孙泽生, 曲昭仲. 流域水污染成因及其治理的经济分析 [J]. 经济问题, 2008 (3): 47-50.

[22] 胡若隐. 地方行政分割与流域水污染治理悖论分析 [J]. 环境保护, 2006 (7): 65-68.

[23] 幸红. 流域水污染控制法律对策——以珠江流域水污染为例 [J]. 求索, 2006 (8): 138-140.

[24] 施祖麟, 毕亮亮. 我国跨行政区河流域水污染治理机制的研究——以江浙边界水污染治理为例 [J]. 中国人口·资源与环境, 2007 (3): 3-8.

[25] 陈安宁. 公共资源政府管理初论 [J]. 资源科学, 1998, 20

(2)：22－27.

[26] 屈锡华、陈芳．从水资源短缺看政府对公共资源的管理 [J]. 中国行政管理，2004 (12)：12－13.

[27] 王军．国际环境协议的经济学分析 [J]. 世界经济与政治论坛，2005 (2)：8－15.

[28] 毕亮亮．跨行政区水污染治理机制的操作：以江浙边界为例 [J]. 改革，2007 (9)：108－109.

[29] 姚志勇．环境经济学 [M]. 北京：中国发展出版社，2003：128－137.

[30] 赵来军，李怀祖．流域跨界水污染纠纷对策研究 [J]. 中国人口·资源与环境，2003 (6)：49－54.

[31] 赵来军．我国流域跨界水污染纠纷协调机制研究——以淮河流域为例 [M]. 上海：复旦大学出版社，2007：29－34.

[32] 金通．环境管理动力差异的博弈论解释及其涵义 [J]. 统计与决策，2006 (1)：34－35.

[33] 彭祥．水资源配置的模式：从模拟、优化到博弈 [N]. 中国水利报，2005－12－03.

[34] 赵来军，李怀祖．流域跨界水污染纠纷对策研究 [J]. 中国人口·资源与环境，2003 (6)：49－54.

[35] 经济合作与发展组织．环境管理中的经济手段[M]. 张世秋译．北京：中国环境科学出版社，1996：22－27.

[36] 余永定，张宇燕，郑秉文．西方经济学（第三版）[M]. 北京：经济科学出版社，2005：168－173.

[37] 胡鞍钢，王亚华．转型期水资源配置的公共政策：准市场和政治民主协商 [J]. 中国软科学，2000 (5)：5－11.

[38] 陈瑞莲，胡熠．我国流域区际生态补偿：依据、模式与机制 [J]. 学术研究，2005 (9)：71－74.

[39] 孙泽生，曲昭仲．流域水污染成因及其治理的经济分析 [J].

经济问题，2008（3）：47－50.

[40] 彭祥，胡和平．不同水权模式下流域水资源配置博弈的一般性解释[J]．水利水电技术，2006（2）：53－56.

[41] 彭祥，胡和平．黄河水资源配置博弈均衡模型[J]．水利学报，2006（10）：1199－1205.

[42] 韩贵锋，马乃喜．环境保护低效率的博弈探析[J]．生态经济，2001（6）：19－22.

[43] 杜宽旗，程惠．长江三角洲水污染的博弈分析[J]．环境与可持续发展，2008（2）：35－37.

[44] 赵红梅，孙米强．长江三角洲环境污染治理的博弈分析[J]．环境与可持续发展，2006（5）：36－38.

[45] 孙米强，杨忠直．环境污染治理的博弈分析[J]．生态经济，2006（10）：108－110.

[46] 郭声波．飞地行政区的历史回顾与现实实践的探讨[J]．江汉论坛，2006（1）：88－91.

[47] 王川兰．竞争与依存中的区域合作行政——基于长江三角洲都市圈的实证研究[M]．上海：复旦大学出版社，2008：107－109.

[48] 戴斯·贾丁斯．环境伦理学：环境哲学导论（第三版）[M]．林官民，杨爱民译．北京：北京大学出版社，2006：54.

[49] 青木昌彦．比较制度分析[M]．周黎安译．上海：上海远东出版社，2006：10.

[50] 戚巍．关于规则的博弈——我国城市治理特征与机制研究[D]．中国科技大学，2008.

[51] 尼古拉斯·亨利．公共行政学[M]．项龙译．北京：华夏出版社，2002：46.

[52] 陈国权，李院林．县域社会经济发展与府际关系的调整——以金华—义乌府际关系为个案研究[J]．中国行政管理，2007（2）：99－103.

[53] 任勇. 地方政府竞争：中国府际关系中的新趋势 [J]. 人文杂志，2005 (3)：50-56.

[54] 谢庆奎. 中国政府的府际关系研究 [J]. 北京大学学报，2000 (1)：26.

[55] 王绍光，胡鞍钢. 中国国家能力报告 [M]. 辽宁：辽宁人民出版社，1993：76.

[56] 张可云. 区域大战与区域经济关系 [M]. 北京：民主与建设出版社，2001：52.

[57] 刘祖云. 政府间关系：合作博弈与府际治理 [J]. 学海，2007 (1)：79-87.

[58] 严强. 公共行政的府际关系研究 [J]. 江海学刊，2008 (5)：93-99.

[59] 邓志强，罗新星. 环境管理中地方政府和中央政府的博弈分析 [J]. 管理现代化，2007 (5)：19-21.

[60] 周国雄. 博弈：公共政策执行力与利益主体 [M]. 上海：华东师范大学出版社，2008：51-56.

[61] 张维迎. 博弈论与信息经济学 [M]. 上海：上海三联书店，2004：112.

[62] 孙宁华. 经济转型时期中央政府与地方政府的经济博弈 [J]. 管理世界，2001 (3)：35-43.

[63] 王国生. 过渡时期地方政府与中央政府的纵向博弈及其经济效应 [J]. 南京大学学报（哲学人文科学社会科学），2001 (1)：110-117.

[64] 周黎安. 晋升博弈中政府官员的激励与合作——兼论我国地方保护主义和重复建设问题的长期存在的原因 [J]. 经济研究，2004 (6)：33-40.

[65] 李广斌，谷人旭. 政府竞争：行政区经济运行中的地方政府行为分析 [J]. 城市问题，2005 (6)：70-75.

[66] 张凌云，齐晔. 地方环境监管困境解释——政治激励与财政

约束假说［J］. 中国行政管理，2010（3）：93－97.

［67］宫本宪一. 环境经济学［M］. 上海：生活·读书·新知三联书店，2004：47.

［68］董秋红，潘伟杰. 论公共问题的政府规制：合法性及其限度［J］. 学习与探索，2008（5）：77－81.

［69］陆益龙. 流动产权的界定——水资源保护的社会理论［M］. 北京：中国人民大学出版社，2004：41.

［70］赵来军. 我国湖泊流域跨行政区水环境协同管理研究——以太湖流域为例［M］. 上海：复旦大学出版社，2009：50.

［71］夏永祥，王常雄. 中央政府与地方政府的政策博弈及其治理［J］. 当代经济科学，2006（3）：45－51.

［72］曹东，王金南. 中国工业污染经济学［M］. 北京：中国环境科学出版社，1999.

［73］袁冰. 水环境治理：中央政府与地方政府的博弈分析［D］. 陕西师范大学，2007.

［74］吕忠梅. 水污染的流域控制立法研究［J］. 法商研究，2005（5）：95－103.

［75］徐旭忠. 跨界污染治理为何困难重重［J］. 半月谈，2008（11）：26.

［76］新华网. 黄河治污遭遇体制病［EB/OL］. http://news.xinhuanet.com，2003－04－21.

［77］中国科学院可持续发展战略研究组. 2008中国可持续发展战略报告——政策回顾与展望［R］. 北京：科学出版社，2008：70.

［78］王金南，夏光，高敏雪等. 中国环境政策改革与创新［M］. 北京：中国环境科学出版社，2008：116.

［79］张建伟. 政府环境责任论［M］. 北京：中国环境科学出版社，2008：1.

［80］潘勇. 污染反弹现象的博弈分析［J］. 生态经济，2000（2）：

27 - 29.

[81] 陆新元. 中国环境行政执法能力建设现状调查与问题分析 [J]. 环境科学研究, 2006, 19 (b11): 1 - 11.

[82] 孙立平. 博弈: 断裂社会的利益冲突与和谐 [M]. 北京: 社会科学文献出版社, 2006: 69.

[83] 胡鞍钢. 中国环境治理: 从"劣治"到"良治". 见: 齐晔. 中国环境监管体制研究 [M]. 上海: 上海三联书店, 2008: 5.

[84] 江莹. 互动与整合——城市水环境污染与治理的社会学研究 [M]. 南京: 东南大学出版社, 2006: 107.

[85] 杨妍, 孙涛. 跨区域环境治理与地方政府合作机制研究 [J]. 中国行政管理, 2009 (1): 66 - 69.

[86] 钟卫红. 泛珠三角区域环境合作: 现状、挑战及建议 [J]. 太平洋学报, 2006 (9): 9 - 15.

[87] 新华网. 告别 GDP 崇拜空喊多年 水污染进入爆发期 [EB/OL]. http: //news. xinhuanet. com, 2009 - 08 - 29.

[88] 中共北京市委组织部, 北京市人事局, 中国人民大学劳动人事学院. 构建新世纪现代人才管理体制——首都人才发展战略研究报告 [R]. 北京: 中国人民大学出版社, 2004: 173.

[89] 林光明, 曹梅蓉, 饶晓谦. 提高绩效管理的绩效 [J]. 人力资源开发与管理, 2005 (11): 25 - 30.

[90] 姜晓萍, 马凯利. 中国公务员绩效考核的困境及其对策分析 [J]. 社会科学研究, 2005 (1): 12 - 16.

[91] 林光明, 曹梅蓉, 饶晓谦. 提高绩效管理的绩效 [J]. 人力资源开发与管理, 2005 (11): 22 - 25.

[92] 邓志强. 我国工业污染防治中的利益冲突和协调研究 [D]. 长沙: 中南大学, 2009: 77.

[93] 柳新元. 利益冲突与制度变迁 [M]. 武汉: 武汉大学出版社, 2002: 21.

[94] 方然．地方政府公共政策的利益取向分析——基于四级地方政府的问卷调查［J］．中国行政管理，2009（1）：121.

[95] 王云儿．地方政府博弈行为与长三角一体化的制度设计研究［J］．特区经济，2008（10）：34－38.

[96] 刘君德．中国行政区划的理论与实践［M］．上海：华东师范大学出版社，1996：25.

[97] 黄少安．产权经济学导论［M］．北京：经济科学出版社，2004：37.

[98] 吴春华．西方政治思想史（第四卷）［M］．天津：天津人民出版社，2005：26－28.

[99] 白杨，童潇．对人类行为的一种可能解释——韦伯对边际效用理论的参考［J］．东方论坛，2003（2）：101－104.

[100] 冯东俊，林嘉志．框架效应对人类行为的法律启示［J］．科技信息，2007（12）：240－241.

[101] 柯武刚，史漫飞．制度经济学——社会秩序与公共政策［M］．上海：商务印书馆，2004：84－85.

[102] 曹锦清．黄河边的中国：一个学者对乡村社会的观察与思考［M］．上海：上海文艺出版社，2000：167.

[103] 吴思．血酬定律：中国历史中的生存游戏［M］．北京：语文出版社，2003：127.

[104] 刘凌波．乡镇工业发展与环境经济的利益博弈探析［D］．北京：北京交通大学，2008：68－69.

[105] 毕亮亮．"多源流框架"对中国政策过程的解释力——以江浙跨行政区水污染防治合作的政策过程为例［J］．公共管理学报，2007（4）：36－41.

[106] 顾建庄，谭德庆，万宇．具有不确定支付博弈的模糊分析方法［J］．西南交通大学学报，2003（12）：47－49.

[107] 淮建军，刘新梅，雷红梅．我国房地产市场管制中四人联盟

与对抗的博弈分析 [J]. 系统工程, 2007 (12): 34-40.

[108] 卢亚丽, 薛惠峰. 中国农业面源污染治理的博弈分析 [J]. 农业系统科学与综合研究, 2008 (3): 268-271.

[109] 刘志荣, 陈雪梅. 论循环经济发展中政府制度设计——基于政府和企业博弈均衡的分析 [J]. 经济与管理研究, 2008 (4): 45-48.

[110] 熊鹰, 徐翔. 政府环境监管与企业污染治理的博弈分析及对策研究 [J]. 云南社会科学, 2007 (4): 36-40.

[111] 中国环境与发展国际合作委员会, 中共中央党校国际战略研究所. 中国环境与发展: 世纪挑战与战略抉择 [M]. 北京: 中国环境科学出版社, 2007: 157-158.

[112] 杨桂山, 翁立达, 李利峰. 长江保护与发展报告: 2007 [R]. 湖北: 长江出版社, 2007: 67.

[113] 郎友兴, 葛维萍. 影响环境治理的地方性因素调查 [J]. 中国人口·资源与环境, 2009 (3): 107-112.

[114] 王运宝, 徐浩程. 限批之痛 [J]. 决策, 2007 (10): 11-16.

[115] 中华人民共和国审计署审计结果公告. "三河三湖" 水污染防治绩效审计调查结果 (二〇〇九年十月二十八日公告) [EB/OL]. 2009-10-28.

[116] 欧阳洪亮, 张瑞丹. 湘江: 中国重金属污染最严重的河流 [EB/OL]. http: //discover. news. 163. com, 2009-08-29.

[117] 程笛. 湘江受重金属污染造成直接经济损失每年40亿元以上 [N]. 光明日报, 2009-08-17.

[118] 肖雯栎, 肖文溢. 污染已成 "切肤之痛" [N]. 三湘都市报, 2006-06-21.

[119] 明星, 周勉. 血铅之痛——湖南郴州 "血铅超标" 事件调查与反思 [EB/OL]. http: //news. xinhuanet. com, 2010-03-23.

[120] 罗新云，张涛. 岳阳污染事件与隐形地方保护主义 [J]. 决策，2006 (12)：40 -41.

[121] 欧阳洪亮. 湘江沉重：重金属污染危机爆发阶段或将来临 [N]. 财经，2007 -11 - 27.

[122] 林俊，梁斌勋. 湘江治污：建立湘江污染防治管理机制 [N]. 长沙晚报，2009 - 07 -27.

[123] 谈国良，万军. 美国田纳西河的流域管理 [J]. 中国水利，2002 (10)：157 -159.

[124] 张艳芳，石琰子. 国外治理经验对长江流域立法的启示——以美国田纳西流域为例 [J]. 人民论坛，2011 (5)：90 -91.

[125] 尤鑫. 田纳西流域开发与保护对鄱阳湖生态经济区建设启示——基于美国田纳西流域与鄱阳湖生态经济区的开发与保护的比较研究 [J]. 江西科学，2011 (5)：672 -677.

[126] 朱玟. 墨累 -达令流域管理对太湖治理的启示 [J]. 环境经济，2011 (8)：43 -48.

[127] 高琪，杨鹤. 墨累 -达令河流域管理模式研究 [J]. 法制与社会，2008 (1)：272 -273.

[128] 闫晓春. 澳大利亚的流域管理机构 [J]. 东北水利水电，2004 (12)：55 -56.

[129] 于秀波. 澳大利亚墨累 -达令流域管理的经验 [J]. 江西科学，2003 (3)：151 -155.

[130] 赵洪伟，梅凤乔. 特拉华河流域管理体制研究的启示 [J]. 人民黄河，2009 (6)：55 -56.

[131] 夏军，刘晓洁. 海河流域与墨累 -达令流域管理比较研究 [J]. 资源科学，2009 (9)：1454 -1460.

[132] 张建宇，秦虎. 差异与借鉴——中美水污染防治比较 [J]. 环境保护，2007 (14)：74 -76.

[133] 王晓冬. 中美水污染防治法比较研究 [J]. 河北法学，2004

(1): 130-132.

[134] 赵华林，郭启民，黄小赠．日本水环境保护及总量控制技术与政策的启示——日本水污染物总量控制考察报告 [J]. 环境保护，2007 (24): 82-87.

[135] 高小平．深入研究行政问责制切实提高政府执行力 [J]. 中国行政管理，2007 (8): 6-8.

[136] 刘晓星，陈乐．“河长制”：破解中国水污染治理困局 [J]. 环境保护，2009 (5): 45-50.

[137] 王廷惠．微观规制理论研究——基于对正统理论的批判和将市场作为一个过程的理解 [M]. 北京：中国社会科学出版社，2005: 639.

[138] 科斯等．财产权利与制度变迁 [M]. 上海：上海三联书店，1994: 166.

[139] E. G. Furubotn, S. Pejovich, Property Rights and Economic Theory: A Survey of Recent Literature [J]. Journal of Economics Lit, 1972 (10): 1137.

[140] 李丽莉，窦学诚．流域水资源管理主体间产权结构探讨[J]. 甘肃农业大学学报，2005 (1): 111-116.

[141] 洪银兴．市场秩序与规范 [M]. 上海：上海三联书店，2007: 197.

[142] 丹尼尔·W. 布罗姆利．经济利益与经济制度——公共政策的理论基础 [M]. 陈郁，郭宇峰，汪春译．上海：上海三联书店，2007: 13-43.

[143] 王秀辉，曲福田．流域管理：权力产权的外部性问题 [J]. 资源开发与市场，2006 (1): 26-28.

[144] 汤安中．中国县官收入与“一亩三分地” [N]. 经济学消息报，2003-06-06.

[145] 李瑞娥，黄懿．环境产权单元化：效率、责任与制度 [J].

中国人口·资源与环境，2007（2）：27－31.

[146] 谢维光，陈雄．中国生态补偿研究综述［J］．安徽农业科学，2008，36（14）：6018－6019.

[147] 许晨阳，钱争鸣，李雍容，彭本荣．流域生态补偿的环境责任界定模型研究［J］．自然资源学报，2009（8）：1488－1496.

[148] 万本太，邹首民．走向实践的生态补偿——案例分析与探索［M］．北京：中国环境科学出版社，2008：103.

[149] 曲昭仲，陈伟民，孙泽生．异地补偿性开发：水污染治理的经济分析［J］．生产力研究，2009（11）：84－86.

[150] 苗昆，姜妮．金磐开发区：异地开发生态补偿的尝试［J］．环境经济，2008（8）：36－40.

[151] 中山大学行政管理研究中心．跨界污染挑战行政分割——长三角环境合作试点先行［N］．新京报，2004－06－21.

[152] 王通讯．人才资源论［M］．北京：中国社会科学出版社，2001：168.

[153] 卓越．公共部门绩效评估初探［J］．中国行政管理，2004（2）：27－32.

[154] 祖彤．环境公益诉讼法律问题探析［J］．学术交流，2006（5）：45－48.

[155] 马平．环境公益诉讼制度探析［J］．前沿．2009（8）：44－48.

[156] 李扬勇．论中国环境公益诉讼制度的构建——兼评《环境影响评价公众参与暂行办法》［J］．河北法学，2007（4）：145－148.

[157] 郝艳梅，刘建飞．论环境保护的公民参与原则［J］．内蒙古财经学院学报（综合版），2004（3）：70－72.

[158] 陈雄根．公民环境权与接近正义——以环境公益诉讼为视角［J］．求索，2007（9）：69－71.

[159] 黄祺．NGO 公益诉讼第一案［J］．新民周刊，2009（8）：8－13.

[160] 刘兴堂，梁炳成，刘力，何广军．复杂系统建模理论、方法与技术 [M]. 北京：科学出版社，2008：72.

[161] 王勇．论流域水环境保护的府际治理协调机制 [J]. 社会科学，2009 (3)：26－35.

[162] 曼瑟・奥尔森．权力与繁荣 [M]. 上海：上海世纪出版集团，2005：4.

[163] 张宇燕，高程．美洲金银和西方世界的兴起 [M]. 北京：中信出版社，2004：63－65.

[164] 杜赞奇．文化、权力与国家：1900—1942 年的华北农村 [M]. 江苏：江苏人民出版社，2006：10－17.

[165] 高新军．美国地方政府治理——案例调查与制度研究 [M]. 陕西：西北大学出版社，2007：130－135.

[166] Ophuls W. Leviathan or Oblivion [M]. San Francisco：Freeman，1973. 228.

[167] Adam Smith. The Theory of Moral Sentiments [J]. Prometheus Books，2000，234.

[168] John A. List，Charles F. Mason. Optimal Institution Arrangements for Transboundary Pollutants in a Second-Best World：Evidence from a Differential Game with Asymmetric Players [J]. Journal of Environmental Economics and Management，2001 (42)：277－296.

[169] Zachary Tyler. Transboundary Water Pollution in China：An Analysis of the Failure of the Legal Framework to Protect Downstream Jurisdictions [J]. Columbia Journal of Asian Law，2006，19 (2)：572－613.

[170] Pieter Huisman，Joost de Jong，Koos Wieriks. Transboundary Cooperation in Shared Basins：Experience from the Rhine，Meuse and North Sea [J]. Water Policy，2000 (2)：83－87.

[171] Mark W. Skinner，Alun E. Joseph，Richard G. Kuhn. Social and Environmental Regulation in Rural China：Bringing the Changing Role of

Local Government into Focus [J]. Journal of Geoforum, 2003, 34 (2): 267-281.

[172] Hoel M. Global Environment Problems: The Effects of Unilateral Actions Taken by One Country [J]. Journal of Environmental Economics and Management, 1991 (20): 55-70.

[173] Hoel, Michael. Efficient Climate Policy in the Presence of Free Riders [J]. Journal of Environmental Economics and Management, 1994 (27): 259-274.

[174] Carraro, C., Siniscalco, D. Strategies for the International Protection of the Environment [J]. Journal of Public Economics, 1993 (52): 309-328.

[175] Barrett S. Strategic Environmental Policy and International Trade [J]. Journal of Public Economics, 1994 (54): 325-338.

[176] Barrett S. Self-enforcing International Environmental Agreements [J]. Oxford Economics Papers, 1994 (46): 878-894.

[177] Charles D. Kolstad. Piercing the Veil of Uncertainty in Transboundary in Pollution Agreements [J]. Environmental & Resource Economics, 2005 (31): 21-34.

[178] Ecchia G., Mariotti M. Coalition Formation in International Environmental Agreements and the Role of Institutions [J]. European Economic Review, 1998, (42): 573-582.

[179] Farrell, J., Muskin, E. Renegotiation in Repeated Games [J]. Games and Economic Behavior, 1989 (1): 327-360.

[180] Hoel, Michael. International Environmental Conventions: the Case of Uniform Reductions of Emissions [J]. Environmental and Resource Economics, 1992 (3): 221-231.

[181] Jeppesen and Anderson. Commitment and Fairness in Environmental Games [A]. Nick Hanley, Henk Folmer. Game Theory and the Envi-

ronment Cheltenham [C]. UK: E. Elgar, 1998. 256.

[182] Endres, Alfred. and Finus, Michael. Renegotiation-proof Equilibrium in a Bargaining Game over Global Emission Reductions-Does the Instrumental Framework Matter? [A] Nick Hanley, Henk Folmer. Game Theory and the Environment [C]. Cheltenham, UK: E. Elgar, 1998. 15.

[183] Siebert. Economic Review of Environment [J]. Springer Verlag Berlin Heidlberg, 1997, (6): 35 -50.

[184] Egteren, H. Van, Tang jianmin. Maximum Victim Benefit: Affair Division Process in Transboundary Pollution Problems [J]. Environment and Resources Economics, 2007, (10): 363 -386.

[185] Swallow. The Private Costs and Benefit of Environmental Self-regulation: which Firms Have Most to Gain [J]. Business Strategy and the Environment, 2008 (13): 135 -155.

[186] Carraro, C. , Siniscalco, D. International Environmental Agreements: Incentives and Political Economy [J]. European Economic Review, 1998 (42): 561 -572.

[187] Helmuth Cremer, Firouz Gahvari. Environmental Taxation, Tax Competition and Harmonization [J]. Journal of Urban Economics, 2004 (55): 21 -45.

[188] Charles D. Kolstad, Piercing the Veil of Uncertainty in Transboundary Pollution Agreements [J]. Environment and Resources Economics, 2005 (31): 21 -34.

[189] D. W. K. Yeung. Dynamically Consistent Cooperative Solution in a Differential Game of Transboundary Industrial Pollution [J]. Journal of Optimization Theory and Application, 2007 (134): 143 -160.

[190] Bandaragoda D J. A Framework for Institutional Analysis for Water Resource Management in a River Basin Context. Working Paper 5, International Water Management Institute, Colombo, Sri Lanka, 2000, 1 -52.

[191] Baresel, C., Destouni, G. Novel Quantification of Coupled Natural and Cross-Sectoral Water and Nutrient/Pollutant Flows for Environmental Management [J]. Journal of Environmental Science & Technology, 2005, 39 (16): 6182 -6190.

[192] Joe Weston. Inplementing International Environmental Agreements: The Case of the Wadden Sea [J]. European Planning Studies, 2007, 15 (1): 1133 -152.

[193] Richard Perkins, Eric Neumayer. Implementing Multilateral Environmental Agreements: An Analysis of EU Directives [J]. Global Environmental Politics, 2007 (8): 13 -41.

[194] Patrick Bernhagen. Business and International Environmental Agreements: Domestic Sources of Participation and Compliance by Advanced Industrialized Democracies [J]. Global Environmental Politics, 2008 (2): 78 -110.

[195] Erik Brukel. Ideas, Interests, and State Preferences: The Making of Multilateral Environmental Agreements with Trade Stipulations [J]. Policy Studies, 2004, 24 (1): 3 -16.

[196] Ronald B. Mitchell. Problem Structure, Institutional Design, and the Relative Effectiveness of International Environmental Agreements [J]. Global Environmental Politics, 2006 (8): 72 -89.

[197] Carraro, C. and Siniscalco, D. International Environmental Agreements: Incentives and Political Economy [J]. European Economic Review, 1998 (42): 561 -572.

[198] F · Hayek. Individualism and Economic Order [M]. Chicago: University of Chicago Press, 1980. 15.

[199] Tiebout, C. A Pure Theory of Local Government Expenditure [J]. Journal of Political Economy, 1956 (64): 416 -424.

[200] Musgrave, R. The Theory of Public Finance: A Study in Public

Economy [M]. New York: McGraw Hill, 1959. 78.

[201] Oates, Wallace E. Fiscal Federalism [M]. New York: Harcourt Brace Jovanovich, 1972. 65.

[202] George Break. Frisvold and Margriet F. Caswell. Transboundary Water Management: Game-theoretic Lessons for Projects on the US-Mexico Border [J]. Agricultural Economics, 2000, (24): 101 - 111.

[203] Farrell, J. Information and the Coase Theorem [J]. Journal of Economic Perspectives, 1987, 1 (2): 113 - 119.

[204] Rob, R. Pollution Chain Settlements under Private Information [J]. Journal of Economic Theory, 1989 (47): 307 - 333.

[205] Klibanoff, Morduch. Decentralization, Externalities and Efficiency [J]. Review of Economic Studies, 1995 (62): 223 - 247.

[206] List, John A., Mason Charles F. Optimal Institution Arrangements for Transboundary Pollutants: Evidence from a Differential Game with Asymmetric Players [J]. Journal of Environmental Economics and Management, 2001, 42 (3): 277 - 298.

[207] Dean J. M., Lovely M. E., Wang, H. Are Foreign Investors Attracted to Weak Environmental Regulations? Evaluating the Evidence from China [J]. Journal of Development Economics, 2009, 90 (1): 1 - 13.

[208] Oates, Wallace E., Portney, Paul R. The Political Economy of Environment Policy [A]. K. G. Maler, J. Vencent. Handbook of Environmental Economics [C]. Amsterdam, North Holland: Elsevier Science, 2001. 25.

[209] Sigman, Hilary A. Transboundary Spillovers and Decentralization of Environmental Policies [J]. Journal of Environmental Economics and Management, 2004, (35): 205 - 224.

[210] Jacqueline M. McGlade. Governance of Transboundary Pollution in the Danube River [J]. Aquatic Ecosystem Health & Management, 2002, 5

(1): 95 - 110.

[211] Portney, P. Introduction to the Political Economy of Environmental Regulations [EB/OL]. www. rff. org, 2004 - 2 - 30.

[212] Sigman Hilary. Letting States Do the Dirty Work: State Responsibility for Federal Environmental Regulation [J]. National Tax Journal, 2003, 56 (1): 107 - 122.

[213] Dasgupta, Susmita. Environmental Regulation and Development: A Cross-country Empirical Analysis [J]. Journal of Oxford Development Studies, 2001, 29 (2): 173 - 187.

[214] Macleod Calum. Continuity versus Change: Enforcing Scottish Pollution Control Policy in the 1990s [J]. Journal of Environmental Policy and Planning, 2002, (3): 237 - 248.

[215] Coase, Ronald H. The Problem of Social Cost [J]. Journal of Law and Economics, 1960, (3): 1 - 44.

[216] Dales J. H. Pollution, Property and Price [M]. Toronto: University of Toronto Press, 1968. 19 - 27.

[217] J. Hardin Garrett. Tragedy of the Commons [M]. Oxford: University Press, 1968. 93 - 96.

[218] Coel, Daneil H. Pollution and Property: Comparing Ownership Institutions for Environmental Protection [M]. New York: Cambridge University Press, 2002. 104 - 136.

[219] Kucera Dan. Barring Duplicate Agency Enforcement Actions [J]. Journal of Water Engineering & Management, 2001, 148 (6): 8.

[220] Sigman, Hilary A. Transboundary Spillovers and Decentralization of Environmental Policies [J]. Journal of Environmental Economics and Management, 2004, (35): 205 - 224.

[221] Kathuria, V. Controlling Water Pollution in Developing and Transition Countries-Lessons from Three Successful Cases [J]. Journal of Environ-

mental Management, 2006, 78 (4): 405 -426.

[222] Maler. The Acid Rain Game [A]. H. Folmer, E. van Ireland. Valuation Methods and Policy Making in Environment Economics [C]. Amsterdam: Elsevier, 1989 (3). 56 -78.

[223] Maler. International Environmental Problem [J]. Oxford Review of Economic Policy, 1991, (6): 80 -108.

[224] Marian L. Weber. Market for Water Rights under Environmental Constrains [J]. Journal of Environmental Economic and Management, 2001, (42): 53 -64.

[225] Nash. Equilibrium Points in N - person Games [J]. Proceedings of the National Academy of Sciences, 1950, (36): 48 -49.

[226] Douglass C. North. Institutions, Institutional Change and Economic Performance (Political Economy of Institutions and Decisions) [M]. Cambridge: Cambridge University Press, 1990. 3 -4.

[227] Wright, Deil S. Understanding Intergovernmental Relations [J]. Belmont Wadsworth Inc, 1988, (3): 35 -48.

[228] Ma Jun. Modeling Central-local Fiscal Relations in China [J]. China Economic Review, 1995, (6): 105 -106.

[229] F · Hayek. Individualism and Economic Order [M]. Chicago: University of Chicago Press, 1980. 125.

[230] Lazear, E., Rosen. Rank-Ordered Tournaments as Optimal Contracts [J]. Journal of Political Economy, 1981, (89): 841 -864.

[231] Samuelsn, Paul A. The Pure Theory of Public Expenditure [J]. Review of Economics and Statistics, 1954, (36): 87 -389.

[232] Klibanoff and Morduch. Decentralization, Externalities and Efficiency [J]. Review of Economic Studies, 1995, 62: 223 -247.

[233] Chen C. W., Herr J., Weintraub L. Decision Support System for Stakeholder Involvement [J]. Journal of Environmental Engineering,

2004, 130 (6): 714 -721.

[234] Pargal, Wheeler. Informal Regulation in Developing Countries: Evidences from Indonesia [J]. Journal of Political Economy, 2006, (8): 96 -108.

[235] Aftab Ashar, Hanley Nick, Kampas Athanasios. Coordinated Environmental Regulation: Controlling Non-point Nitrate Pollution while Maintaining River Flow [J]. Journal of Environmental and Resource Economics, 2007, 38 (4): 573 -593.

[236] Richard Welford, Peter Hills, Jacqueline Lam. Environmental Reform, Technology Policy and Transboundary Pollution in Hong Kong [J]. Development and Change, 2006, 37 (1): 145 -178.

[237] Piot. Lepetit Isabelle and Moing Monique Le. Productivity and Environmental Regulation: the Effect of the Nitrates Directive in the French Pig Sector [J]. Journal of Environmental and Resource Economics, 2007, 38 (4): 433 -446.

后　　记

2005年9月，当我走进千年学府湖南大学开始我的研究生生涯时，立时被她红墙碧瓦的校舍、清幽暗香的小道、弦歌不绝的书院所深深吸引。从此，我便在这里学习了6年多的时间，与这里的山山水水结下了深厚缘分。可谁曾想，当年立志考湖南大学的研究生却是因为大学读书时在图书馆的一次偶然经历。那时有一次在图书馆看到一篇文章，这篇文章在讨论要不要考研究生。文章的观点很鲜明，它借用伟人在《沁园春·长沙》中的一句词，说："未来'问苍茫大地，谁主沉浮'？那么当属研究生们"。就这一句，激起了年少激情，激起了书生意气，从此开启了"朝八晚十"的考研之路。人生就是这样，有时一些偶然的经历竟开启了别样的人生，一些不经意的散点竟串联起人生的轨迹。至今想来，仍觉有趣。不同的是，如今早已没了那份轻狂，也没了那份意气，更愿意认认真真地做好一个知识分子、踏踏实实地走好学术之路、兢兢业业地传道授业、静静心心地品味人生。

一路颠簸、一路沉浮、一路踉踉跄跄，一路芬芳、一路书香、一路装载希望。从硕士到博士，6年多时间的不断追求，始获博士学位。在这6年的学术生涯中，最感谢我的硕士生和博士生导师，湖南大学法学院陈晓春教授。先生待人谦逊、治学严谨、视野开阔、勇于创新。还记得，当年欲拜入先生门下，先生要我们把本科阶段的作品交给他。我当时交了3篇论文，其中有一篇是我的本科毕业论文《论构建和超越现代官僚制》。忐忑的等待中，喜讯传来。至今想起，尤为幸运。先生言之敦敦、情之切切，不仅是我的学术导师，也是我的人生导师。先生常言：为人要懂得“感谢、感恩、感悟”；为学要懂得“我注六经”和“六经注我”。先生高哉！“君子之道，譬如远行，必自迩；譬如登高，必自卑”，本书若能达到先生要求之万一，心愿亦足矣。

“惟楚有才，于斯为盛”。不知道多少次徜徉于岳麓山的登山步道，不知道多少次机敏地在乌压压的图书馆自习室找到座位，不知道多少次满怀谦卑地走进岳麓书院的大门，不知道多少次热忱地期待着大师们的讲座。这里的时光，紧张而又闲适。犹记得，在这里与颜克高博士、胡扬名博士、谭娟博士、赵珊博士、施卓宏博士，还有陈雄先师兄、刘韧师弟等众多同门师兄弟、师姐妹一起K歌，一起论证课题、讨论学术，甚至不惜为此通宵达旦；与岳麓书院的戴金波博士一边爬山，一边畅谈历史与文学，他的博学强记让人颇为敬佩；与工商管理学院的同学杨文昱博士一起讨论如何建模；与一帮朋友一起在经贸学院的阳立高博士家里一起做饭，一起看北京奥运会的开幕式，……孔子说“友直、友谅、友多闻，益矣”，他们或聪敏，或博学，或风趣，或正直，或达观，或兼而有之，是人生中的良师益友。

人生30年，求学20载。也许只有父母才能理解抚养和培育一个小孩的所要耗费的时间、精力、金钱。父母一生辛勤，养育了5个小孩。现如今，一对夫妇养育一两个小孩尚且不容易，养育5个小孩背后的艰辛也就可想而知。父亲常以我为傲，可能是因为我是村里难得的博士，虽然父亲并没有因此而享到什么福，反而为此付出了更多的辛劳。因此，在这里我要特别感谢我的父母、兄长和姐姐，他们在我求学期间承担了太多。令我痛心的是，今年正月父亲不幸逝世，再也看不到本书的出版了。想起父亲曾经总是要我们好好读书、注意身体，尤其是在近几年，父亲打来的电话明显多了，每次电话总是少不了问我什么时候回去，少不了叮嘱我要注意身体，每次回去也总是忘不了要我带些家乡的菜和米到工作的城市。我知道，父亲是真的觉得自己老了，所以更是希望多看到我们，希望还能为我们做些什么！想起从今以后，少了一个至亲的人，心中甚是凄然。父亲在时，觉得父亲是天，感觉自己还有依靠，还有人为你遮风挡雨。现在父亲走了，以后更要牢记父亲的教诲，好好继承和发扬父亲艰苦奋斗、清白做人的精神，踏踏实实的走好人生的每一步。在此，谨以此书献给我伟大的父亲、母亲。愿父亲在天国安好，愿母亲健康长寿！

我还要感谢我的妻子，感谢她对我工作的支持；儿子年幼可爱，愿他幸福、健康、平安，学有所成！感谢江西财经大学财税与公共管理学院的各位同事，学院良好的学术氛围是学院几十年风风雨雨沉淀的结果，能在这个有着深厚底蕴与荣光的学院工作，让人觉得愉快而舒适。最后，我要感谢经济科学出版社的工作人员，他们的辛勤努力使得本书能够顺利出版。

停笔之时，已是霜降时节。窗外秋风萧瑟，天气阴沉，意示着寒冬将至。尽管我为本书的写作花了大量的时间和精力，一直努力想把书写得更好，但由于个人研究能力的限制，书中不尽如人意的地方还有很多，敬请各位同仁、各位读者批评指正。同时期待更多的人一起参与环境问题的研究，让更多的人“看得见山、望得见水、记得住乡愁”，早日实现美丽中国的伟大梦想。

李胜

农历丁酉年秋于蛟桥园